超强图解

猫慢性肾脏疾病

早期诊断与家庭护理

林政毅 兽医老韩 著
兽医老韩 绘
弹簧小姐王佳妮 审校

電子工業出版社
Publishing House of Electronics Industry
北京·BEIJING

序一

根据研究，所有年龄层的猫咪中有一半患有慢性肾脏疾病，而15岁以上猫咪的患病比例更是高达八成，所以肾脏疾病一直是威胁猫咪健康的最大杀手，也是很多资深猫家长挥之不去的梦魇，更是兽医师临床诊疗时遇到的最大挑战。

医学的确是门浩瀚无垠的专业学科，但在如今这个信息爆炸的年代，猫家长们不再对兽医师言听计从。因为兽医师面对的是各式各样的疾病，而猫家长们面对的往往就是单一的慢性疾病，所以猫家长们对于单一器官疾病的医学常识更加求知若渴。而且在繁忙的诊疗过程中，兽医师实在没有足够的时间详细解释病情及后续处理方式。再者，说得太多太深，猫家长们真的能听懂吗？

在这十几年的讲课生涯中，数百场兽医专业课程讲授让我明白了一件事情：要说让人听得懂的语言，要有流畅的逻辑概念结构，以及风趣生动的举例说明，下面听课的学员才会有兴趣，才能吸收，才能真懂。

猫家长在自己的猫咪患上肾脏疾病时，第一个求助的当然是兽医师，但兽医师的讲解往往无法满足猫家长的需求，于是各种搜索引擎就是求助的第二人选，但医疗技术瞬息万变，猫家长查到的往往都是过时且已被认为是错误的知识。第三个求助人选就是所谓的有经验者，有经验者的知识来自以往过时的经验及网络信息，并可能夹杂着他自己的错误观点。所以，不会的教不会的，错误的教错误的，到头来可怜的还是患上肾脏疾病的猫咪。

这本书我们花了将近一年的时间，以图文并茂的方式传递最新、最正确的猫肾脏疾病知识，希望能对猫家长们有所帮助，希望猫家长们在面对猫咪肾脏疾病时不再病急乱投医，也希望能在猫家长与兽医师之间建立更加良好的沟通桥梁。最后必须提醒的是，就如同前面所提及的，医疗技术是日新月异的，千万不要拿这本书里的内容去驳斥兽医师，选择你相信的兽医师，相信你选择的兽医师！

台北市中山动物医院、101台北猫医院　总院长

台湾猫科医学会　理事长

林政毅

林政毅

中兴大学兽医博士，曾任台北市兽医师公会常务理事、理事，台湾猫科医学会创会理事长，现任台北市中山动物医院及 101 台北猫医院总院长，亚洲大学兼职教授、成都猫博士动物医院荣誉院长、台湾小动物内科医学会常务理事、台湾小动物肾脏科医学会理事、中国农业大学动物医院客座讲师。

著有《猫咪家庭医学大百科》《犬猫常用药治疗手册》《犬猫动物医院临床手册》（第一版、第二版）、《猫病临床诊断路径图表暨重要传染病》《宠物医师临床手册》（第一版、第二版、第三版）、《猫博士的猫病学》（第一版、第二版）、《小动物输液学》（第一版、第二版）、《猫博士的肾脏疾病攻略》《猫博士的肝胆胰疾病攻略》《犬猫临床血液生化学》《信元犬猫药典》《拜耳犬猫药典》《喵喵交换日记》等，译有《小动物理学检查及临床操作》《小动物眼科学》。

近几年来致力于两岸临床兽医师的技术提升，受邀讲课数百场，为 2012 年第 14 届日本临床兽医学论坛（JBVP）、2014 年北京及 2015 年台北“亚洲小动物兽医师大会”（FASAVA）大会受邀讲师，曾荣获第 29 届台湾兽医师大会杰出贡献奖、第 6 届中国东西部兽医师大会杰出贡献奖，以及李崇道博士基金会台湾临床兽医精英奖。

序二

自从离开香港的临床兽医工作回到台湾，十余年来，我陆续在三家与兽医相关的跨国企业从事过教育培训工作。我经常讲课的对象有兽医师、宠物行业从业者、兽医学生和一般猫家长。

不过无论听众是谁，当我在备课时，“要是这段说明能再平易近人一点就好了”这样的想法经常浮现在脑海里。事实上，无论是所任职公司制作的原版影片，还是大部分专业书籍上的图文，对于一般猫家长而言都太艰涩，也太不有趣了。

我想要“喂食”我的听众“容易消化的知识”。这成为我在 2018 年年初开设“兽医老韩”粉丝专页，开始以图画的形式分享猫狗养护信息的契机。

由于读者们不嫌弃，粉丝专页似乎颇受欢迎。然而我的正职工作依然忙碌，因此即使陆续有出版社邀约，我总以没时间为由婉拒。直到去年 7 月，林政毅医师与我联系，询问是否有意愿合作一本给广大猫家长们看的讲猫慢性肾脏疾病的书。

从我还在台大兽医系就读时，林政毅医师就是我十分景仰的前辈。林医师是猫病权威，擅长用画面感很强的比喻和接地气的语言描述疾病，而其著作无论质与量都令我非常佩服。传递照顾猫狗的正确知识本来就是我最大热情之所在，因此我凭借着一点点冲动，就决定做这件事了。

本书尽量运用各种比喻、各种浅显易懂的方式把知识图像化，本着“图片抓重点，文字阅读体验友好”的想法来进行内容的编排。此外，为了确保书中的信息是新的，我们一直到成书之前都还在陆续根据新的研究结果调整部分内容与数据。

值得一提的是，我们对猫家长的求知欲深具信心，因此，虽然本书是给普通猫家长看的，对于猫慢性肾脏疾病这一单一主题却交代得非常详细，从器官功能、病理、血检报告、疾病分级一直到治疗，甚至连药物剂量都有。我们这样做的原因并不是要让猫家长们自己诊断、自己治疗。相反地，我们希望各位猫家长多懂一点，从而更容易支持兽医师的医疗处置，并理解密切配合兽医院进行长期追踪的重要性。希望各位爱护猫咪的读者，都能从书中获得一些有用的信息。

在此感谢我的几位家人：刘莎女士、郑美云女士、周学志先生，他们的支持与鼓励促成了这本书的诞生。

最后，书中所有的图画献给我的第一只爱猫“老虎”，没有一天不想它。

兽医老韩

兽医老韩

本名韩立祥，台湾大学兽医系毕业，曾执业于护生动物医院（台湾）与亚洲兽医诊所（香港），之后离开临床进入企业界，陆续在三家小动物兽医领域的跨国企业担任过咨询兽医师、讲师、业务人员、技术主管等。现职为某知名宠物营养公司技术经理。

2018 年初开设“兽医老韩”粉丝专页，开始画图分享猫狗养护信息。认为负责任的博客应该分享有科学证据的、非网络信手拈来的信息。希望尽一己之力，帮助创造对猫狗更友善的环境。

目录

第  章

了解肾脏

第 2 章

肾脏的功能

第 3 章

肾脏疾病的早期发现

第 4 章

肾脏的检验

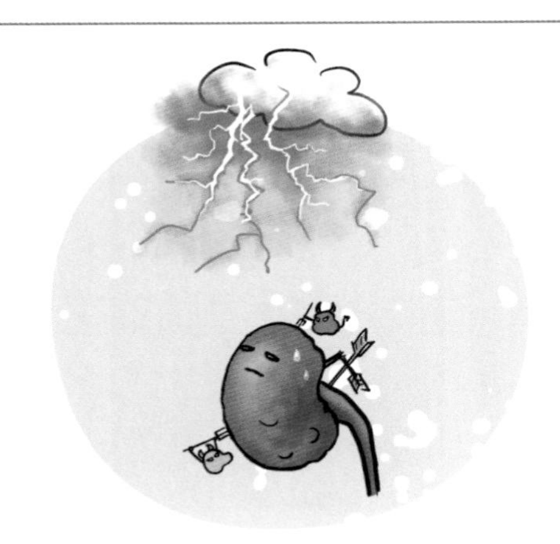

第 5 章

肾脏损伤的原因

第 6 章

猫慢性肾脏疾病

第7章

猫慢性肾脏疾病的控制

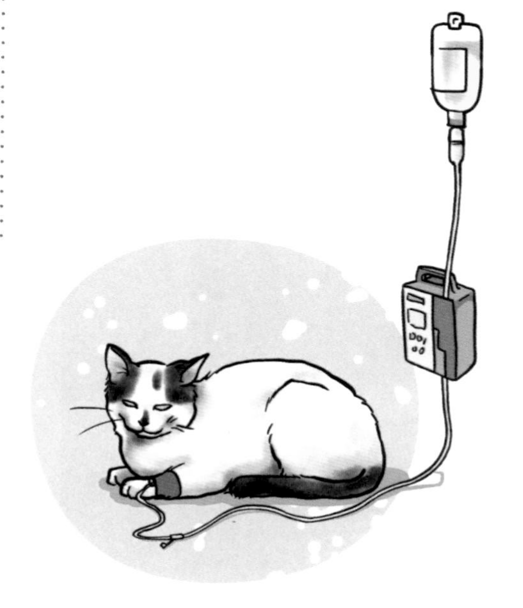

第 8 章

猫慢性肾脏疾病黑白问

第 1 章

了解肾脏

泌尿系统包含肾脏、输尿管（连接肾脏与膀胱的两条通道）、膀胱及将尿液排出体外的尿道。简单地说，肾脏负责制造尿液，输尿管只是肾脏与膀胱间的通道，膀胱则是尿液的暂时储存区。

膀胱里的尿液一旦满了，就会从尿道排出去。尿液中含有许多身体代谢的废物，大部分都具有毒性，称为尿毒素。一旦肾脏无法制造尿液、无法排出尿毒素，或者因输尿管、尿道堵塞而无法排尿，这些尿毒素便堆积在身体内。

此时猫咪会开始出现精神不好、全身无力、呕吐、拉肚子、没食欲、体重减轻，甚至癫痫、死亡等情况。

1.1 泌尿系统

猫的肾脏位于腹腔背侧，左右各一，右高左低（跟人类相反）。每个肾脏都有一条很细的输尿管，沿着腹腔背侧往后与膀胱相连，肾脏所制造的尿液会通过这条输尿管流入膀胱，而富含肌肉且具有很大延展性的膀胱就是尿液的暂存部位。

膀胱后端接的是尿道，尿道有两个开关，分别由横纹肌及平滑肌组成，用来调控排尿。人类与猫的尿道都有这样的开关，可以锁住，让尿液不会自行流出。等到膀胱因尿液积多了而胀大时就会产生尿意，这时候人或猫就会去找厕所或猫砂盆来排尿。如果临时找不到厕所或猫砂盆，人或猫会将尿道的开关锁紧，这就叫憋

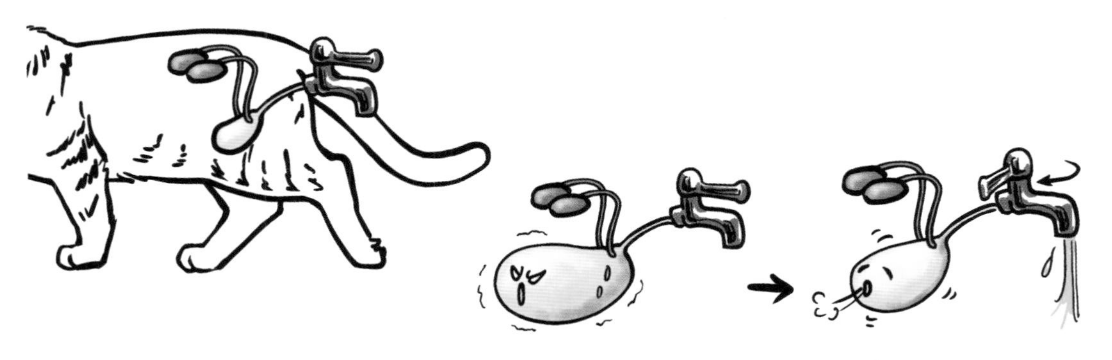

膀胱后端接的是尿道，
上面有调控排尿的开关。

尿。等到膀胱胀得更大，超过尿道开关的阻力时，就是所谓的“忍不住而尿出来了”的时候。

既然肾脏有两个而且各有一条输尿管，如果其中一条输尿管因为结石而堵住了，这一侧肾脏所制造的尿液就无法排入膀胱内，而尿液积存的回压会造成输尿管扩张及肾盂扩张（肾盂就是尿液在肾脏内短暂积存的部位）。而尿液继续被制造出来，输尿管和肾盂都胀得越来越大，于是造成肾脏外观上的肿大与肾脏的闷痛，这时候的肾脏就称为水肾。

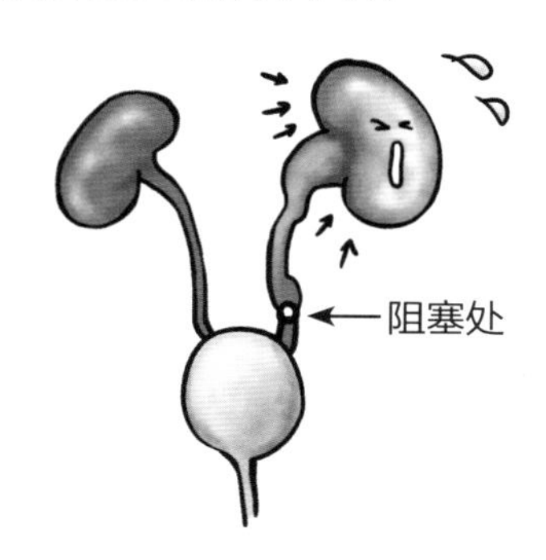

尿液继续累积，肾盂会持续肿大而压迫肾脏的血液供应，而尿液积存的回压也会上溯至集合管及肾小管，一旦压力超过肾脏制造尿液的压力，尿液就不会再产生，而且肾脏也会因为肾盂积尿过多压迫肾脏实质而出现缺血。若无法立即解除输尿管的阻塞状况，肾脏就会逐渐缩小及纤维化，成为末期肾。

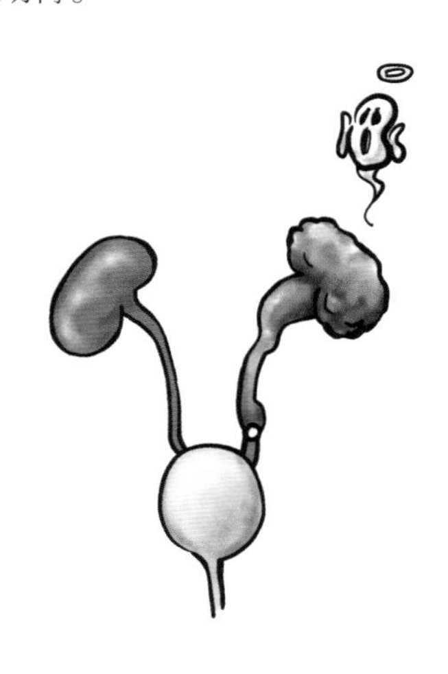

因为肾脏有两个，所以单侧输尿管阻塞通常不至于影响生命，除非另一个肾脏也功能不良。只要有 25% 的肾功能猫就可以维持生命，所以单侧输尿管阻塞的猫大多不会有明显的临床症状，很多只是因为单侧肾脏胀尿疼痛而表现出食欲稍差或不喜欢跳跃走动而已。

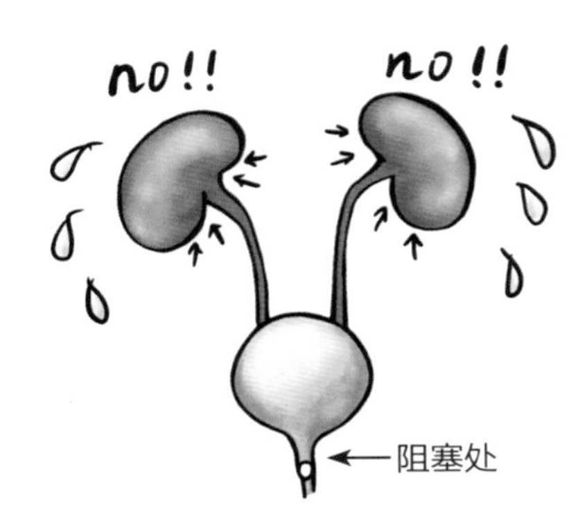

但如果阻塞发生在尿道呢？膀胱可只有尿道这一个出口！若尿道发生阻塞，两侧肾脏所制造的尿液都无法排出体外，这会造成尿毒素积存在身体里导致急性尿毒症，如果没有适时地解除尿道阻塞，猫会在48 ~ 72小时后因为急性尿毒症而死亡。

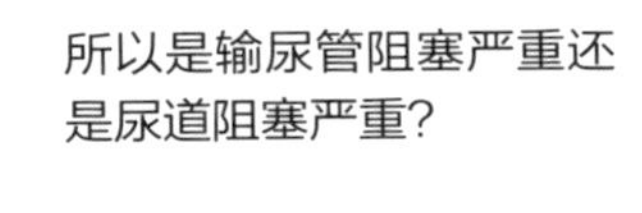

1.2 肾脏的构造

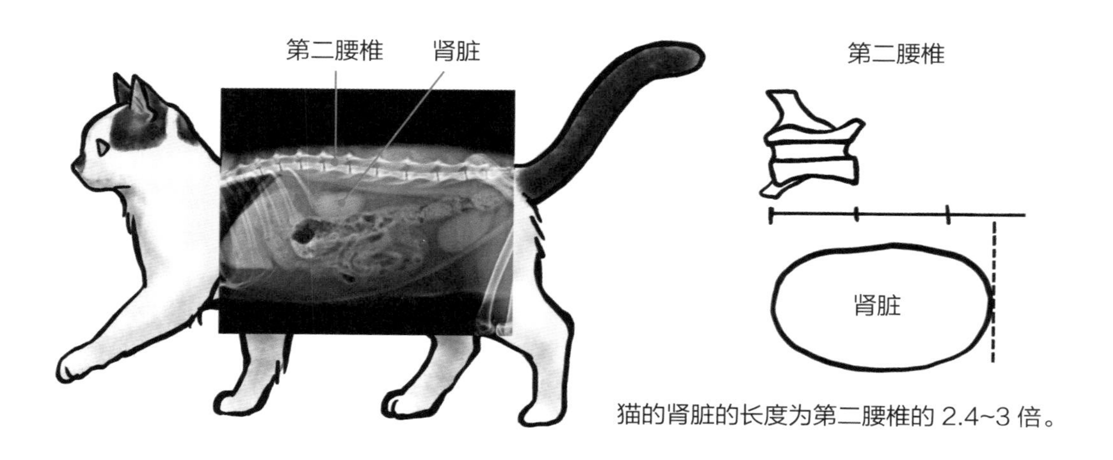

猫的肾脏的长度为第二腰椎的 2.4~3 倍。

猫的肾脏的长度为 3~4.5 厘米，理论上体长越长或体型越大的猫，肾脏也越长。肾脏的长度通常为第二腰椎的 2.4~3 倍，但这也不是绝对的。

理论上猫的两个肾脏长度应是相同的。当一侧肾脏的长度是 4 厘米，而另一侧肾脏的长度为3厘米时，通常会推测长度为 3 厘米的那个肾脏萎缩；当一侧肾脏长度为 5 厘米，而另一侧肾脏长度为 4 厘米时，通常会推测长度为 5 厘米的那个肾脏为肿大的肾脏，可能是水肾、肾脓肿或患有肾盂肾炎、肿瘤。

如果猫在 1 岁时进行过肾脏长度的测量，那该测量值可作为一个基准值，之后再测量肾脏长度时就有比较的标准了。但不管肾脏是变大还是变小了，都还是必须通过腹部超声波扫描来确认肾脏的构造。

肾单位

肾脏的基本功能单位称为肾单位，猫的每个肾脏内有 20 万个肾单位，肾脏制造尿液的工作就是通过这些肾单位来完成的。

一个肾脏可以看作一家工厂，里面有 20 万个员工。他们的年龄、工作能力都相同，共同来完成每天的固定业绩（肾小球滤过率，代表着肾功能）。但这个工厂有个特色——遇缺不补，只要有人请病假、离职、死亡，留下来的工作就由剩下的员工来加班完成。

但工厂的领导还是要求一样的业绩，所以留下来的员工就必须更加努力，甚至牺牲休息时间及睡眠时间……这样的日子总是撑不久的，很多员工因为过度劳累而生病、罢工、死亡。等到业绩下滑时，工厂的领导才惊觉：员工居然所剩无几了！而且剩下来的员工的工作能力还在不断下降，健康状况加速恶化，业绩急速地下滑，进而导致工厂出现亏损。

这样的亏损就是身体无法承受的状态，于是工厂最终倒闭。

此时，患有慢性肾脏疾病的猫咪开始出现尿毒症状，包括食欲减退、活动力下降、脱水、呕吐、体重减轻等。

所以我们可以说猫发育完全之后，它的肾功能是 100% 的，但随着年龄的增长，肾单位会因为各种因素而流失，如药物、毒素、缺氧、高血压等，就像工厂的员工会逐渐流失一样。

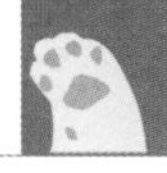

1.3 肾单位的构造

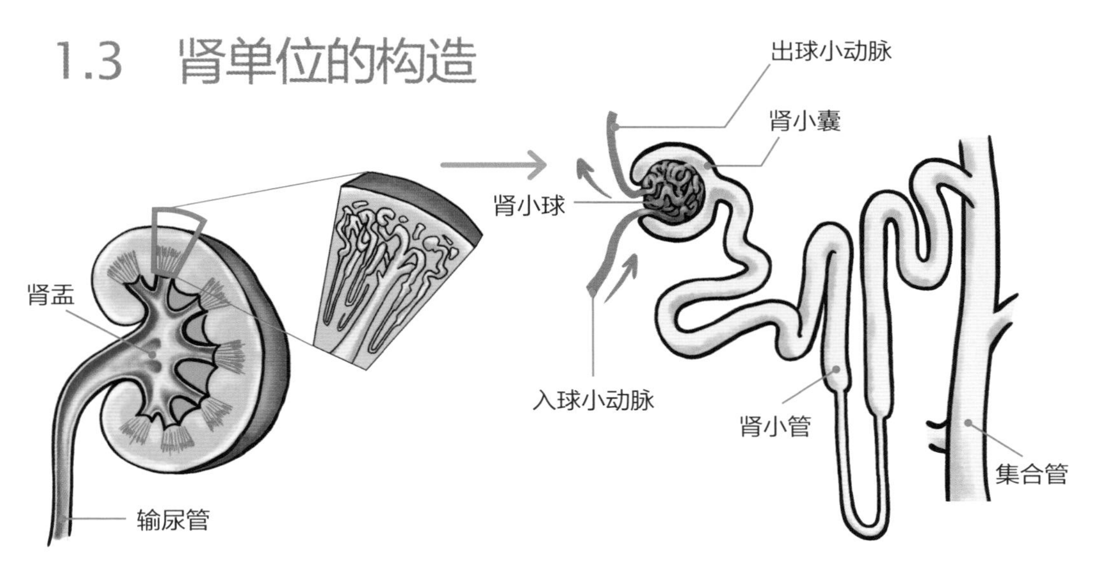

前文提到的肾脏的基本功能单位——肾单位，是由肾小球、肾小囊和肾小管所组成的。

我们可以简单地把肾单位的工作分为两个部分，第一部分是由肾小球与肾小囊所负责的过滤，第二部分是由肾小管负责的回收与尿液浓缩。下面分别说明一下。

（一）过滤（肾小球 + 肾小囊）

肾小球由入球小动脉，分支多并缠绕为球状的微血管网，以及汇流这些微血管网的出球小动脉所组成。肾小球外面包覆着肾小囊，此处就是肾脏进行血液过滤的地方。由微血管内皮细胞、微血管基底膜及肾小囊细胞组成一个三层的过滤膜，流经肾单位的血液会经这个三层膜过滤再进入肾小管。

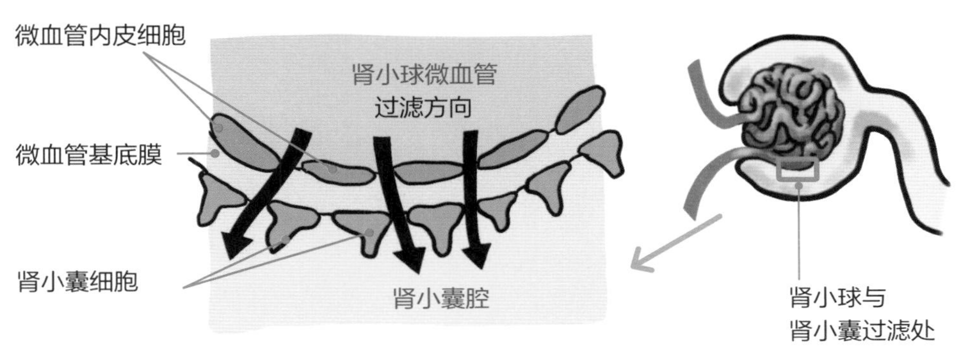

流经肾单位的血液会经这个三层膜过滤。

为了让过滤时能多留住一些有用的东西，这个三层滤膜有以下两个特色。

1. 膜上有许多用来过滤的小孔，能滤掉小分子，留下尺寸较大的血细胞、血小板及大部分的蛋白质，因为这些都是有用的东西，必须把它们保留在身体内。而分子较小的水、葡萄糖、尿素、肌酐、离子则可以很容易地通过滤膜而进入肾小管。

滤膜上带着负电，能防止同样带负电的蛋白质通过。

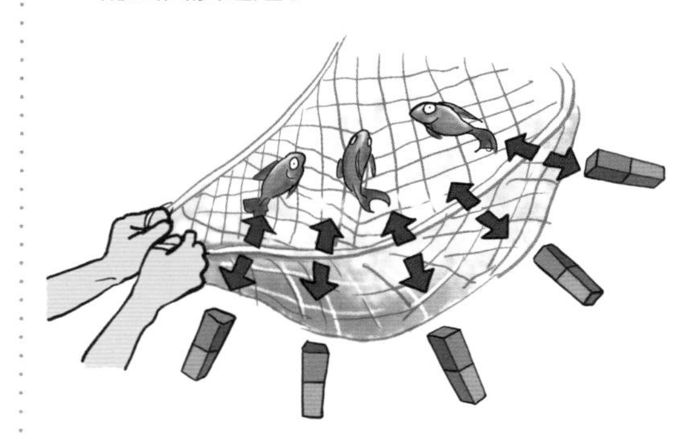

2. 膜上带有负电，而蛋白质也带负电，同性相斥，因此即使是尺寸较小的蛋白质，也会因为同带负电相互排斥而不容易通过滤膜。

（二）回收+尿液浓缩（肾小管）

为什么要回收呢？因为通过滤膜进入肾小管的部分物质，如水、葡萄糖、钠离子等，都是对身体有用的东西，肾小管会将这些物质再回收至血管内。

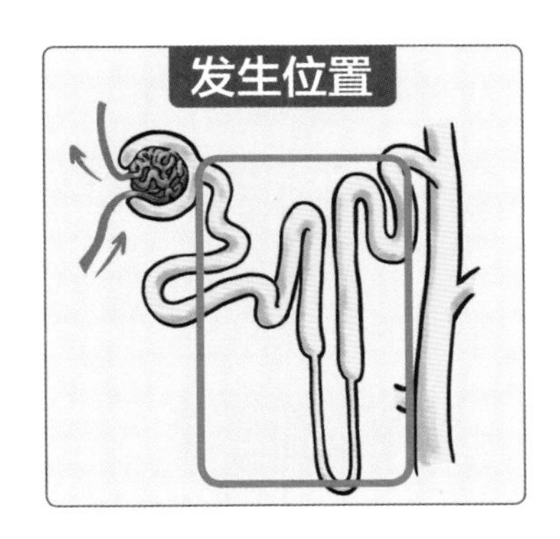

但这样的回收能力也是有限制的。例如血糖过高时，滤液中含有太多的葡萄糖，超过肾小管回收的能力，就会造成葡萄糖出现在尿液中，我们称之为糖尿，如果这种现象持续，就会发展为糖尿病。

再例如，肾小管也会回收少数不小心被过滤至滤液中的蛋白质，但量多时（如滤膜受到破坏时）也会超过肾小管的回收能力，而导致蛋白质最终出现在尿液中，我们称之为蛋白尿。

水的回收是很重要的一环。猫肾脏每天产生的滤液是其体重的3倍，然而猫一天绝对不可能喝到3倍体重的水，因此这些滤液中的水分几乎全部都要再回收利用。这个任务主要也由肾小管来负责。

当然，回收水分的过程包括复杂的渗透压梯度、主动运输和被动运输，但只要记得“谁有钠，谁就有水”，肾小管只要将大部分过滤的钠离子回收到血管内，就会让水乖乖地回到血管内。

于是，滤液在肾小管的运送过程中被回收大部分的水分，最后排放至集合管的尿液就呈现浓缩的状态。

而集合管则是尿液浓缩的最后一道关卡，当身体缺水时，就会产生抗利尿激素，让集合管将尿液中的水分进一步地回收至血管内，让尿液更加浓缩，以保留更多的水分在身体内。所以浓缩的尿会呈现更深的黄色，而且尿味会更重。

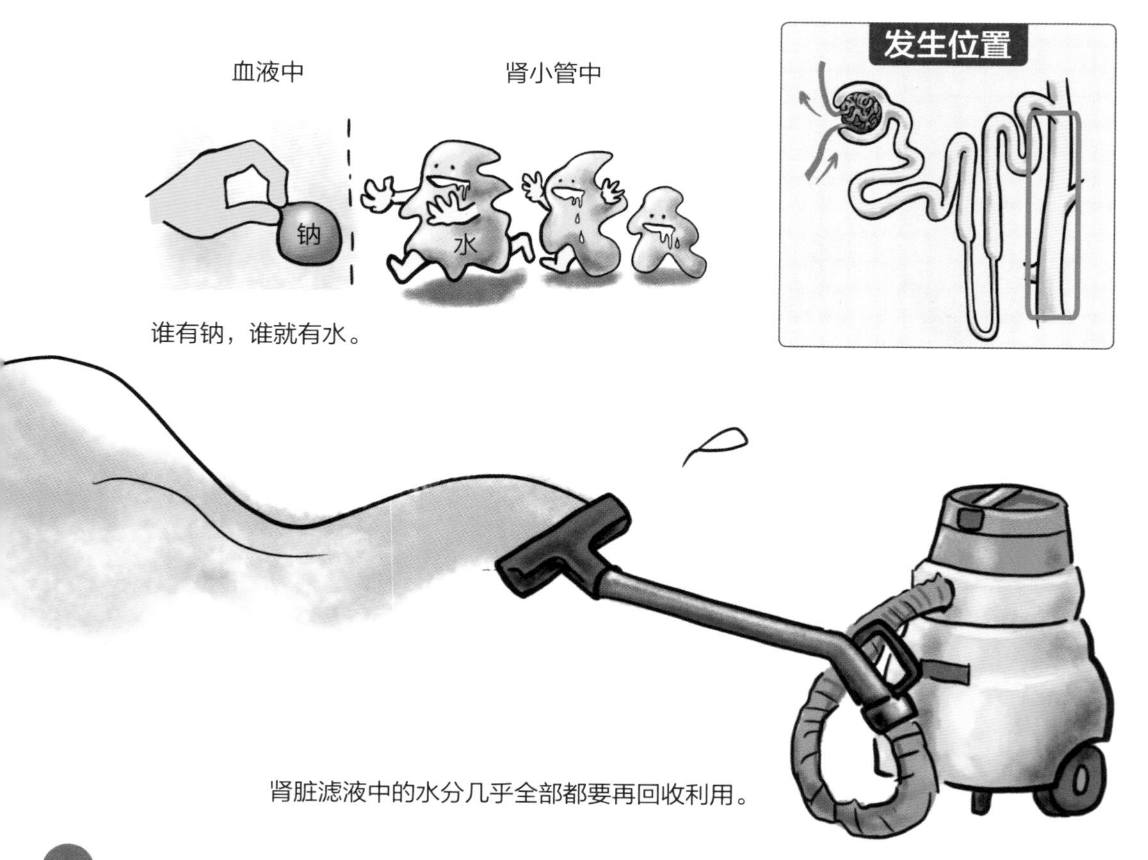

谁有钠，谁就有水。

肾脏滤液中的水分几乎全部都要再回收利用。

1.4 尿液的形成

总结以上内容，肾脏通过肾动脉运送源源不断的血液来进行过滤，而过滤的功能单位就是肾单位，肾单位包括肾小球、肾小囊与肾小管。

血液通过肾小球过滤后形成滤液，进入肾小管，肾小管会将大部分的水分及有用的物质再吸收回血液中，最后形成的少量滤液就是尿液，尿液再通过集合管排进肾盂内。而过滤之后的血液再通过微血管汇集至肾静脉而离开肾脏，并流入后腔静脉，重新回到全身血液循环中。

所以肾脏要形成尿液，必须要有肾动脉送来血液，而且有一定的血压推送着血液进入肾小球来进行过滤而形成滤液，肾小管承接滤液并进行一连串的工作，最终形成尿液。

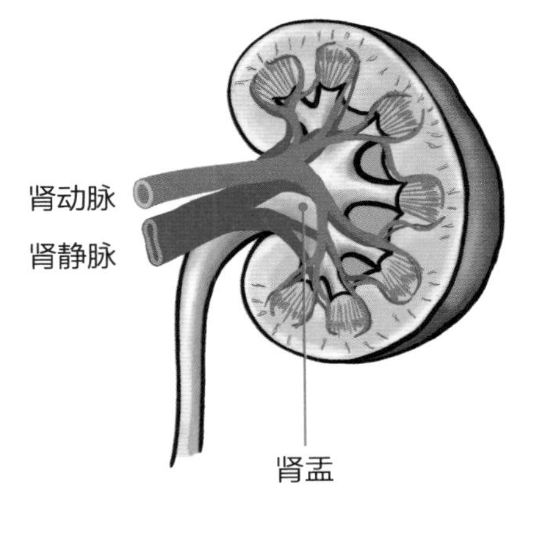

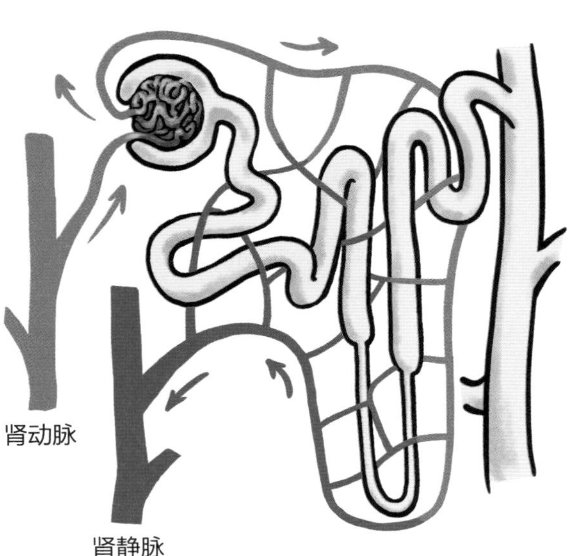

猫家长的猫尿情结

正常的野生猫科动物以天为幕，以地为席，处处都是厕所任我上，处处都是地盘任我喷。然而，猫咪被人类饲养之后却处处受限，必须在规定的猫砂盆内尿尿，不可以到处喷尿做记号，还得跟不喜欢的猫咪及人类共处一室，所以它们的身心也的确承受了很大的压力。因此，10 岁以下的猫咪很容易因为压力而引发自发性膀胱炎，最常见的临床症状就是乱尿尿，而最常尿的地方就是棉被。它真的不是故意的，这是膀胱发炎引发疼痛所造成的，这也是猫咪乱尿尿最常见的原因。

以往认为猫咪乱尿尿就是一种记号行为。但如今的研究发现，记号行为大部分是以喷尿的方式，喷一点点尿在垂直物体上来标记地盘，而且主要发生在具有完整蛋蛋的公猫身上。喷出的尿因为含有高浓度的雄性激素，所以非常腥臭，也才能达到“划地为王”的宣示效果。喷尿时公猫呈四肢直立姿势，尾巴会高举且抖动，并同时喷出少量尿液在垂直物体上，如桌脚、椅脚、床脚，当然也包括你的裤脚。

所以如果你的猫咪是母猫或者已经没有蛋蛋的公猫，若出现乱尿尿行为，你应该首先考虑是否有其他环境问题或疾病。若猫砂盆过脏，猫咪可能会在猫砂盆周围尿尿而不愿进猫砂盆里。还有，猫砂盆是否放置在了嘈杂处？洗衣机或冰箱压缩机运转声是否太大？通往厕所的路线是否被强势猫所堵住？乱尿尿是否发生在猫砂材质更换后（如换成了水晶砂、矿物砂、豆腐砂、松木砂）？

如果都不是，那么就可能是疾病所引发的。例如，脊椎疼痛或者后肢疼痛的猫咪会不愿意跨越猫砂盆，它就可能会尿在猫砂盆的附近。而患有自发性膀胱炎的猫咪，也常因为膀胱突发性疼痛而就地解决，这时候就必须寻求专业兽医师的医疗协助了。

第 2 章

肾脏的功能

肾脏除了制造尿液排放尿毒素，其实还负责很多杂务，例如猫的红细胞寿命只有 60~70 天，所以每天都有很多红细胞到达大限之日而死亡。如果没有适时地补充就可能会导致贫血，而肾脏就负责侦查红细胞到底够不够，如果不够，就赶快跟细胞工厂（骨髓）下订单（红细胞生成素）来补充。

另外，在钙的吸收上、钙磷的平衡上、血压的维持上，以及酸碱的平衡上，肾脏都扮演着关键的角色。所以一旦肾脏出现问题，你可以想象身体的小宇宙内要起多大的风暴呀。

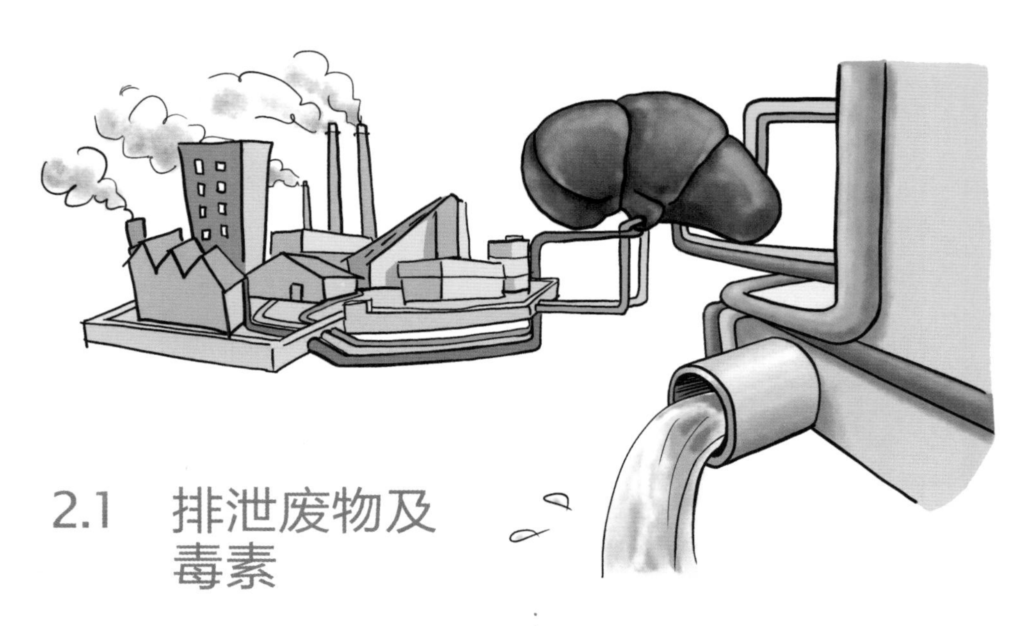

2.1 排泄废物及毒素

身体就像个沙漠城市一样，有很多家庭、工厂、商店，所以每天都会有源源不绝的废水、垃圾、工业废弃物等代谢废物产生，这些废物大多是有毒的。

肝脏负责将大分子的垃圾通过胆汁排入肠道，再随粪便排出体外，并将一些具有毒性的物质降解成毒性较小且具有水溶性的小分子毒素，然后将其排放至污水中。

这些污水最终就必须依靠肾脏来处理，一方面将有毒的物质排放至尿液中再排出体外，另一方面也回收污水中的有用物质，如蛋白质、葡萄糖、离子等。肾脏的功能单位具有滤膜（见第 9 页），将污水完全过滤，再把水及有用的物质重新吸收回血液中。

这样的滤膜孔洞很小，所以可以避免血细胞及大部分的蛋白质滤过去（见第 10 页），一旦这个滤膜受到破坏（见第 11 页），蛋白质就会通过滤膜，虽然肾小管会再吸收这些蛋白质，但量多到超过它的能力时，这些蛋白质就会出现在尿液中，称为蛋白尿。

蛋白尿是早期诊断肾脏疾病及肾脏疾病治疗时参考的重要检验结果。但必须注意的是，这些尿蛋白到底是来自肾脏，还是来自输尿管、膀胱或尿道呢？这一点就是兽医师必须去判断的，因为肾脏、输尿管、膀胱或尿道都可能因为发炎或出血而导致蛋白尿。一旦确认尿蛋白来自肾脏，就表示滤膜坏了，也就表示肾小球出问题了。

2.2 水分的调节

前面我们提到过，身体就像一座沙漠城市，所以水很重要，必须在过滤之后再将其重新回收利用，所以肾小球过滤后的水分有 99% 会被再吸收回血液中。

正常成猫的肾小球滤过率为 1.5~2.0 mL/(min·kg)，意思是每分钟每千克体重会产生 1.5~2.0 mL 滤液，所以每天每千克体重会产生 2.2~2.9 L 滤液，其重量约为体重的 3 倍。如果肾小管及集合管进行水分重吸收的功能受损，必定会造成多尿及严重脱水。

当身体严重脱水或血液总量不足时，肾脏就无法达到正常的过滤速率，就会分泌肾素。而肾素会将肝脏分泌的血管紧张素原转化成血管紧张素 I（不具活性）。然后肾脏及肺制造的血管紧张素转换酶就会将血管紧张素 I 转化成血管紧张素 II（具活性）。

血管紧张素 II 就会刺激肾上腺皮质部分泌醛固酮，使远曲小管增加钠的吸收及钾的排出。而钠的吸收可以提升血钠浓度，也就可以增加血液的渗透压，从而使身体的水分往血液中移动，以增加血液总量。

肾脏每天会产生重量约为体重3倍的滤液，且高达99%都会被重吸收。

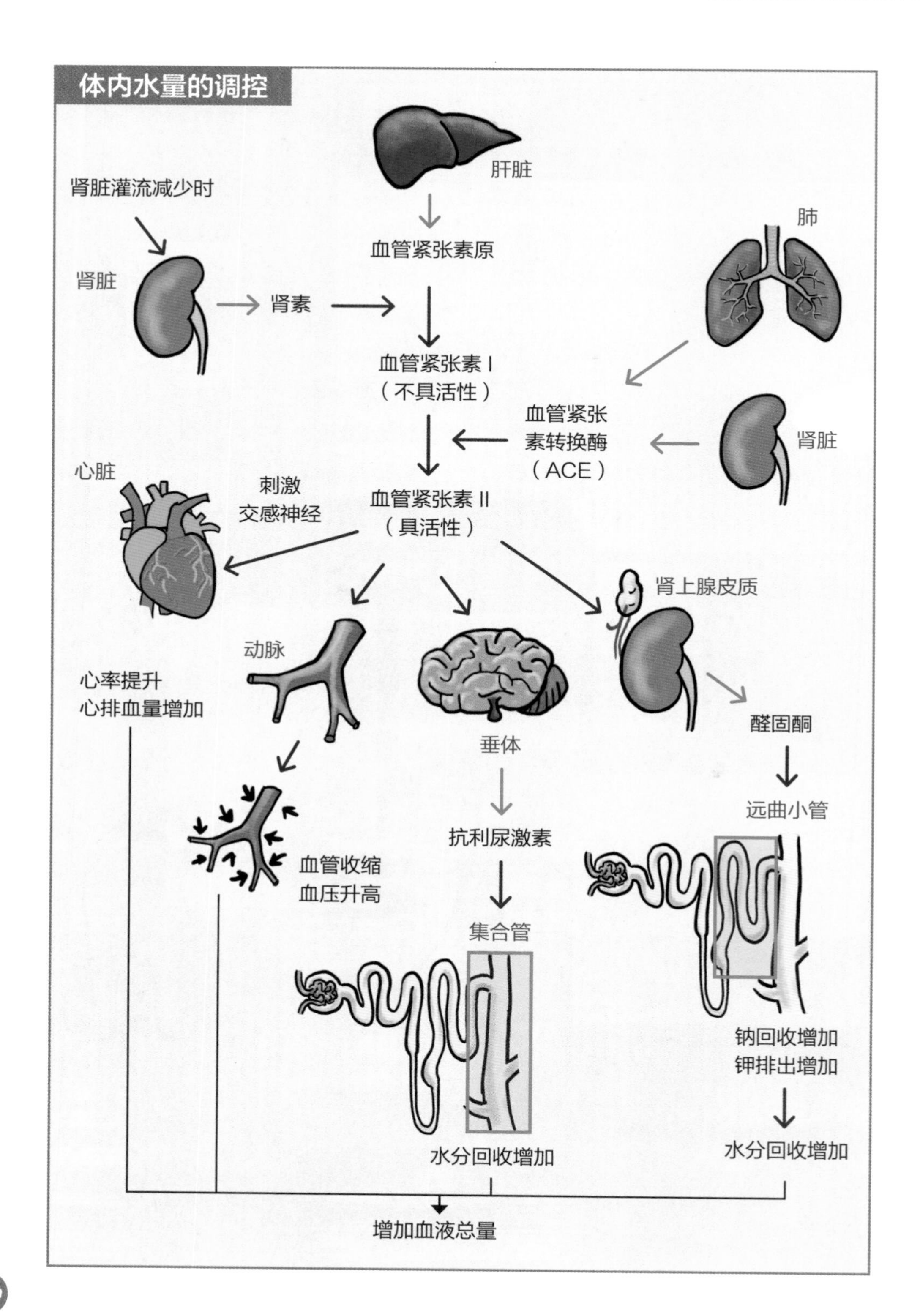
体内水量的调控
肝脏
肾脏灌流减少时
血管紧张素原
肺
肾脏
肾素
血管紧张素 I
（不具活性）
血管紧张
素转换酶
（ACE）
肾脏
心脏
刺激
交感神经
血管紧张素 II
（具活性）
肾上腺皮质
动脉
心率提升
心排血量增加
醛固酮
垂体
远曲小管
抗利尿激素
血管收缩
血压升高
集合管
钠回收增加
钾排出增加
水分回收增加
水分回收增加
增加血液总量

血管紧张素 II 还会作用于垂体，来增加抗利尿激素的释放，使集合管增加水分吸收，使尿液更加浓缩。以上这些作用都使得身体内的水分被尽量保留下来，而且让水分主要保留在血液循环中，以维持足够的肾脏血液灌流及肾小球滤过率。

除了保留水分增加血液总量，血管紧张素 II 还会直接作用于动脉，使动脉收缩而让血压上升；也增加交感神经活性，从而使心率提高来增加心排血量。这些都有助于维持正常肾小球滤过率，但缺点是可能会导致高血压及肾小球被破坏。

2.3 钙的吸收

维生素 D 是帮助身体吸收钙的重要物质。大家可能都听过，多晒太阳可以促进骨质健康，那是因为人类的皮肤在阳光照射下可以自行合成大部分的维生素 D，但狗与猫的皮肤则不行。

因此，猫所需的维生素 D 必须完全依赖食物来获取，例如维生素 D_2 或 D_3。动物来源的维生素 D 较好，因为对猫来说利用效率比较高。然而这些维生素 D 都还不具备活性，食用之后需通过肝脏转化成较具有活性的钙二醇（Calcidiol），再通

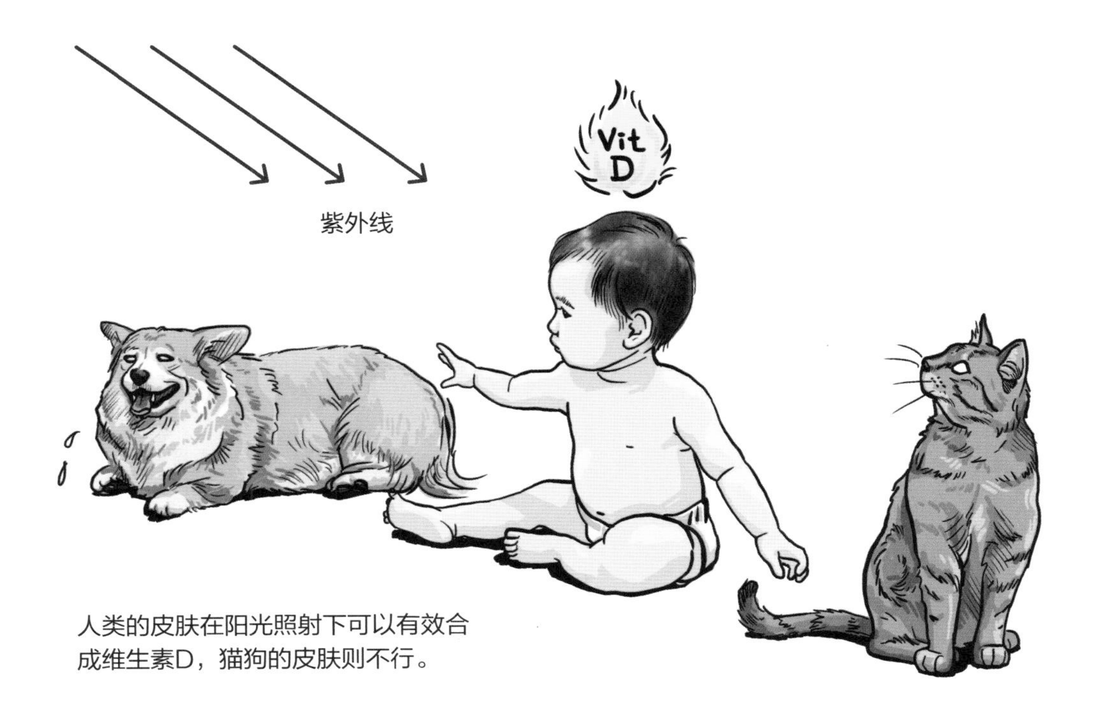

人类的皮肤在阳光照射下可以有效合成维生素D，猫狗的皮肤则不行。

血钙与肾脏的关系

食物中摄取的维生素 D 其实不具备活性，必须先通过肝脏转化成钙二醇，再通过肾脏转化成最具有活性的钙三醇。

过肾脏转化成最具有活性的钙三醇（Calcitriol）。

小肠必须在有钙三醇存在的情况下才能有效吸收钙质，也就是说，没有钙三醇，吃再多的钙质也不会被身体吸收，全都随粪便排出体外了。

如果肾脏功能出问题，就无法转化出足够的钙三醇，小肠对于钙质的吸收效率就差。因此在慢性肾脏疾病初期，理论上会引起低血钙。而当低血钙时，身体为了维持正常运转，甲状旁腺会分泌甲状旁腺激素来将骨头内储存的钙抽取至血液中，以维持正常的血钙浓度。

这样时间久了，甲状旁腺长期被刺激的结果就是造成不可逆的甲状旁腺功能亢进，这个时候反而会导致高血钙，也就是慢性肾脏疾病的末期表现。高血钙与高血磷（当血钙浓度乘以血磷浓度的积大于 60 时）又会造成肾脏组织的钙化性伤害，使肾脏功能单位流失加剧。

2.4 酸碱平衡

很多细胞代谢的过程都必须在适当的酸碱缓冲下进行，而肾脏的主要功能就在于回收碱（HCO_3^-）和排酸（H^+），所以当肾脏功能出现问题时，就会因为酸无法顺利排出而导致酸血症。

2.5 红细胞的作用

当肾脏感受到血管内的红细胞不足时，就会分泌红细胞生成素来刺激骨髓进行造血。猫的红细胞平均寿命为 60~70 天，身体内的红细胞会逐渐老去而被网状内皮系统清除掉，所以也必须不断地进行补充。

身体内最大的红细胞工厂是骨髓。

而下订单的最大客户就是肾脏。

有健全的工厂（骨髓）、员工（骨髓细胞）、充足的原料（铁质、营养素）与正常下订单的客户（肾脏），身体内的红细胞供应才充足。

身体内最大的红细胞工厂就是骨髓，而下订单的最大客户就是肾脏，这个订单就是红细胞生成素。工厂里的员工就是骨髓细胞，它们有系统的分工，分别负责制造红细胞、白细胞和血小板。当猫患慢性肾脏疾病时，肾脏就无法顺利地下单，于是即使工厂内有足够的员工（骨髓细胞），有足够的原料（铁质、营养素），也无法制造足够的红细胞，所以就会导致贫血。

因为订单不足（红细胞生成素不足）或工厂问题（骨髓疾病）导致的贫血就称为“非再生性贫血”，意思是贫血的原因是身体本身无法制造足够的红细胞。

而出血或溶血时，身体内的订单（红细胞生成素）会增加，所以工厂（骨髓）也会增加红细胞的制造，这种贫血称为“再生性贫血”。所以猫患慢性肾脏疾病时，在正常进食状况下缺乏的是订单（红细胞生成素），必须额外注射红细胞生成素来改善贫血状态。

再生性贫血 & 非再生性贫血

第3章

肾脏疾病的早期发现

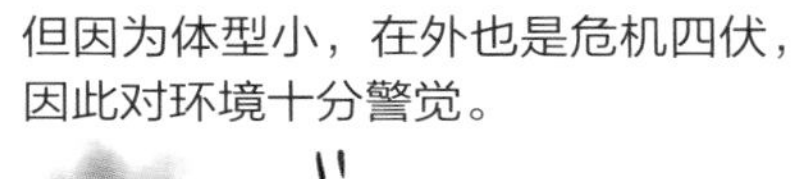

在我们进入正题讲猫的慢性肾脏疾病之前，先用一章来谈谈为什么猫的肾脏疾病总是发现得太晚，以及最重要的，提供一些早期肾脏疾病的患病征兆。

猫是小型肉食动物，虽然在生物链上处于金字塔顶端，但在实际环境中也是危机四伏，所以猫咪非常会保护自己，尽量让自己免于身处险境。即使生病，在面对危机时也不显露病态，就算身体健康状况严重到极致，它们大多也是找个安全的地方等候死亡的来临，所以你很容易在路边见到病死狗，却很难见到病死猫。

这就是猫，不愿示弱的猫。

也因为如此，猫的疾病很难在早期就被察觉，特别是慢性疾病。出诊时我最常听到的一句话就是：“它前几天还好好的呀！怎么会一下子这么严重了？！”我也不想苛责，但现在就告诉猫家长们如何在早期发现猫肾脏疾病。

3.1 观察排尿与饮水情况

肾脏只要有 25% 的功能就能维持基本的生活质量，所以在肾脏功能流失超过 75% 之前很难从日常生活中察觉，但很多猫在肾脏功能流失超过约 2/3 时才会开始丧失尿液浓缩能力。

之前我们形容身体就像沙漠城市一样，水是非常珍贵的资源，所以肾脏会把过滤的水分几乎全部回收，只有一小部分成为尿液，这就是肾脏的尿液浓缩能力。

警讯

正常状况下猫的尿液量少、偏黄、味道重。我们将评估尿液浓缩程度的单位称为尿比重，猫的尿比重大于 1.035，比人和狗都高。但猫的尿比重测量不能使用尿液试纸条，必须使用专用的尿比重仪才能测得准确的数值。

所以一旦你的猫咪尿液量增多了、喝水量增多了、尿颜色变浅了或者尿味不重了，都可能是肾脏失去尿液浓缩能力的征兆，这时候就必须赶快到医院进行血中尿素氮（BUN）、肌酐（Creatinine）检查和尿液分析，甚至做 SDMA 检测（见第 42 页）。但其他血清生化及全血计数检查也是必须进行的，因为也有其他疾病可能会导致相似的临床症状，如糖尿病及甲状腺功能亢进。

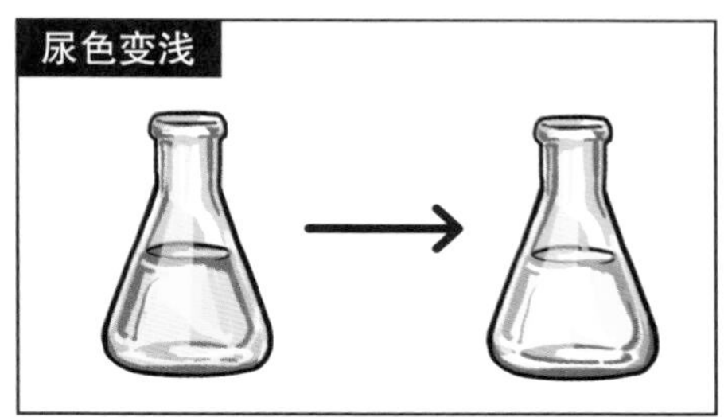

3.2 监控体重

定期测量体重是另一种早期发现疾病存在的简易方式，但最好购买较为准确的婴儿体重秤，千万不要用成人体重秤来测量猫的体重，或者以抱猫的方式将测得的重量扣除自己的体重来换算猫咪的体重，这些都是不准确的。

猫在慢性肾脏疾病第二期的后段时就可能会开始体重减轻，如果猫咪的体重持续下降，就必须赶快就医，这表示猫咪可能患有肾脏疾病或其他疾病。

举个例子，如果一只 4 kg 的猫在两个月内体重持续下降至 3.7 kg，就相当于人类体重从 80 kg 瘦到了 74 kg。这是多么困难的事呀，拼命减肥可能都达不到这样的效果，所以极有可能是疾病造成的。但如果体重起起伏伏，就不太重要，比如从 4 到 4.1，到 3.9，到 3.85，到 3.95，又到 4.1。

警讯

3.3 定期健康检查从 1 岁开始

定期健康检查是早期发现肾脏疾病的重要手段。因为若光靠猫家长的观察来发现肾脏疾病，往往都已经是慢性肾脏疾病末期了，所以建议在猫咪 1 岁的时候开始进行第一次健康检查。

以后每年检查一次，检查内容包括全血计数、血液生化、尿液分析、腹腔超声波扫描及全身 X 线摄影，这样才能早期发现疾病的存在。

很多猫家长都只愿意给猫做血液检查，忽略了尿液分析及影像学检查的重要性。肾脏功能流失超过 75% 时血液中肌酐浓度才会上升，所以若血中尿素氮及肌酐检查正常，也只代表肾脏有 25% 以上的功能而已。而慢性肾脏疾病的定义是肾脏功能流失 30% 以上，且持续 3 个月以上，所以你现在还认为单靠血液检查可以早期探知慢性肾脏疾病的存在吗？

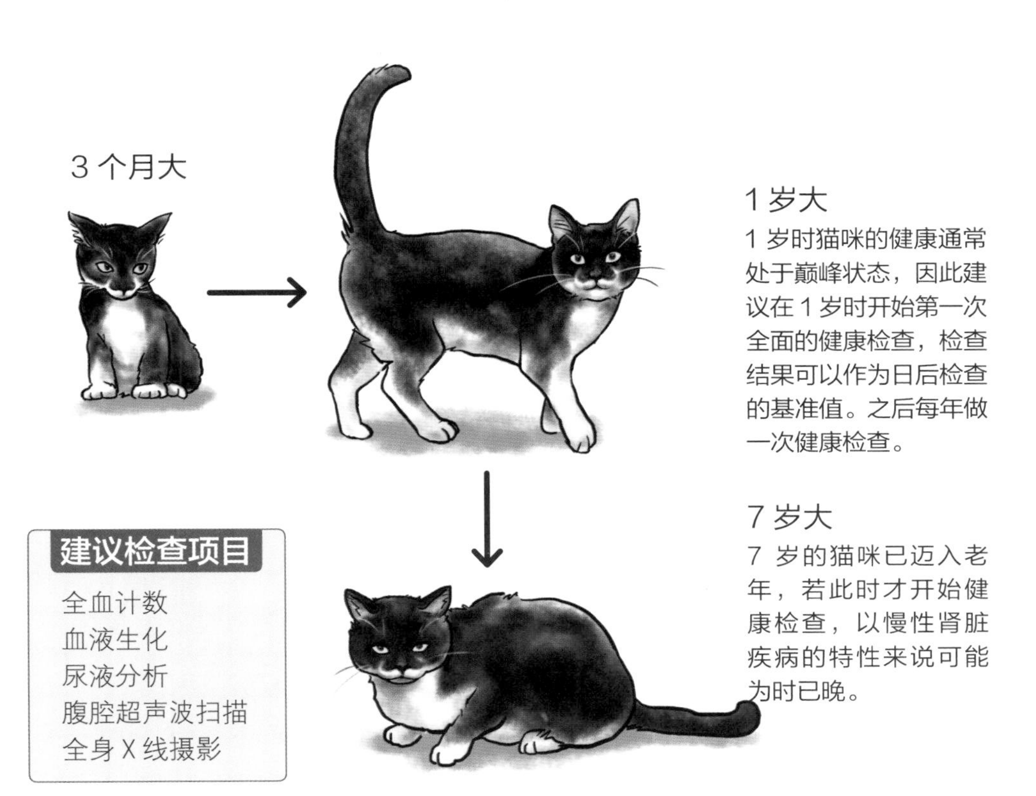

猫如果有一个肾脏已经萎缩，但另一个肾脏还能维持 25% 以上的肾功能，此时验血的结果一定显示正常，你也傻傻地认为你家猫咪的肾脏功能很“正常”，但其实真的正常吗？

多囊肾的状况也是一样的，都必须通过影像学的检查才能发现，而且早期的影像学检查可以提供肾脏大小的基本标准，以后的检查就有据可依了。可以判断肾脏是变大了还是变小了，这在早期慢性肾脏疾病判定上是非常重要的。

什么是IDEXX SDMA检验？

IDEXX SDMA 是一种最新的早期慢性肾脏疾病检验方法，它不受猫咪身体肌肉量的影响，而且在肾脏功能流失 25% 以上时就能检测出来，所以是一种比肌酐更敏感的肾脏功能检验方法。

肌酐是肌肉消耗能量后的代谢产物，肌肉量大，血中肌酐浓度就较高；肌肉量少（消瘦），血中肌酐浓度就较低。所以在以往的肌酐检验中，如果患有慢性肾脏疾病的猫咪呈现消瘦症状，数值就会偏低，从而让兽医师轻判其严重程度。配合 IDEXX SDMA 检验就可以矫正这样的疏失轻判，并且能更早地发现慢性肾脏疾病的存在。

IDEXX SDMA *vs.* 肌酐

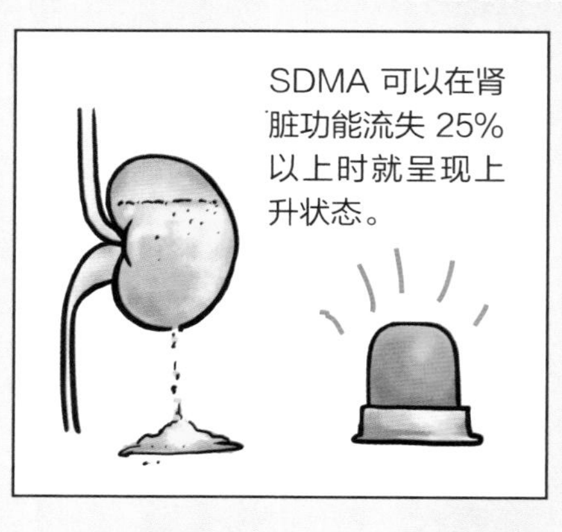

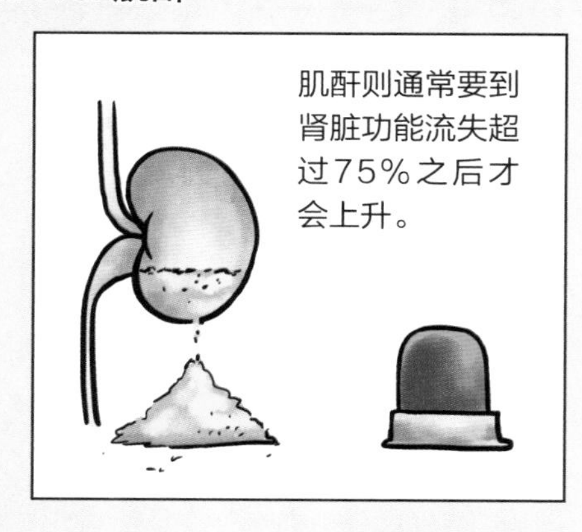

第4章

肾脏的检验

本章来谈谈与肾脏疾病相关的各项检验及其数值。

检验报告上的文字大多是英文代号或者艰涩的中文医学名词，往往让人看得一头雾水。我们并不强求各位猫家长能够完全了解一份检验报告的内容，这里只是从大原则上说明各个检验项目所代表的意义，希望能帮助各位更深入地了解爱猫的确切状况。但也千万别因此就“关公面前耍大刀”，质疑兽医师对于检验数据的判读和解释，毕竟兽医师是受过多年的专业医学教育训练的，而专业素养并不是看看书、翻翻文章就可以速成的！

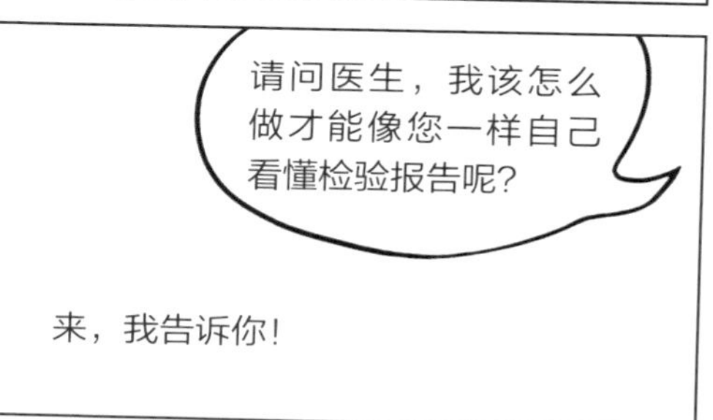

4.1 抽血检查

入院检查时，兽医师通常会建议给猫咪进行抽血检查，而最基本的抽血检查就是全血计数及血液生化，下面分别进行介绍。

4.1.1 全血计数

全血计数是一种通过仪器来进行的血细胞相关检查，主要检查三个大项目：红细胞、白细胞及血小板。

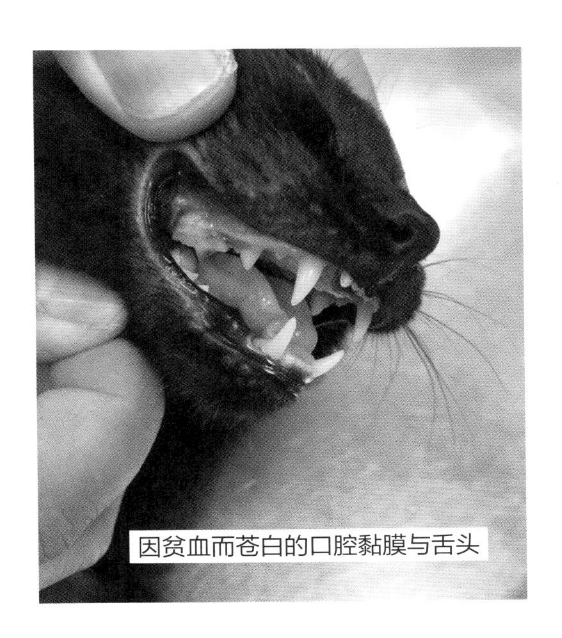
因贫血而苍白的口腔黏膜与舌头

红细胞

红细胞简称 RBC（Red Blood Cell），其功能是运送氧气到全身各组织。

当红细胞数量不足或质量不好时，就会导致组织缺氧，称为贫血。此时猫的口腔黏膜及舌头会呈现淡粉红至苍白的颜色。建议平常多注意观察猫咪口腔黏膜及舌头的颜色，这样你才能知道什么颜色是不正常的。

红细胞 RBC

红细胞检查中的 RBC 项目，是指红细胞的数量，即每升血液中有多少个红细胞。RBC 正常状况下是以百万为单位的，所以你看到的数值往往是 M/μL 这样的单位。M 是百万，μL 是 0.001 mL。例如，猫的红细胞数量正常值为 5.65~8.87 M/μL，意思就是每 0.001 mL 血液中有 565 万~887 万个红细胞。

但是，只看 RBC 的数值其实还不足以判断是否贫血，例如当血液中都是营养不良的小个红细胞时，RBC 的数值还是可能会呈现正常，但实际上可能已经贫血了。因此，在贫血判断上有一个更加重要的检验数值，称为血细胞比容。

血细胞比容 PCV/HCT

血细胞比容的意思是所有红细胞在血液中所占的百分比。正常猫的血细胞比容为 37.3%~61.7%，如果检查值低于正常值，就称为贫血。不过我们知道，红细胞之所以能携带氧气是因为有血红蛋白，所以就算 RBC 正常，PCV 或 HCT 也正常，如果血红

蛋白浓度不足，则红细胞携带氧气的能力也不会好，也算是一种贫血。因此要考虑的另一个数值是血红蛋白浓度。

血红蛋白浓度 Hb/HGB

血红蛋白浓度的英文缩写为HGB或Hb，单位是 g/dL，g 代表克，dL 代表分升，也就是十分之一升，即 100mL。猫的血红蛋白的正常值为 13.1~20.5 g/dL，代表每 100mL 血液中含有 13.1~20.5g 血红蛋白。

判断上述三个数值时，必须注意猫咪是否有脱水情况，因为脱水会使这三个数值假性上升，必须把脱水补足后再进行复验，才能准确判断。

除了RBC、PCV/HCT、Hb/HGB，红细胞底下还有一堆英文缩写，包括 MCV（平均红细胞体积）、MCH（平均红细胞血红蛋白）、MCHC（平均红细胞血红蛋白浓度）、RDW（红细胞体积分布宽度）、%RETIC（网织红细胞百分比）、RETIC（网织红细胞），这些数值对于贫血的分类及区别诊断会有所帮助，其中，MCV及网织红细胞的部分比较重要，所以我们简单说明一下。

RBC、PCV、Hb的比较。请注意：这三个数值都会受脱水影响。

RBC
红细胞的数量

无法分辨红细胞的大小。

PCV
所有红细胞的量在血液中的占比

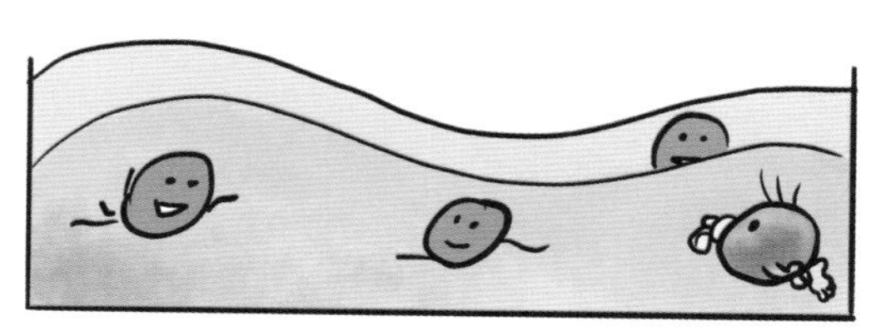

无法分辨血红蛋白是否充足。

Hb
血红蛋白浓度

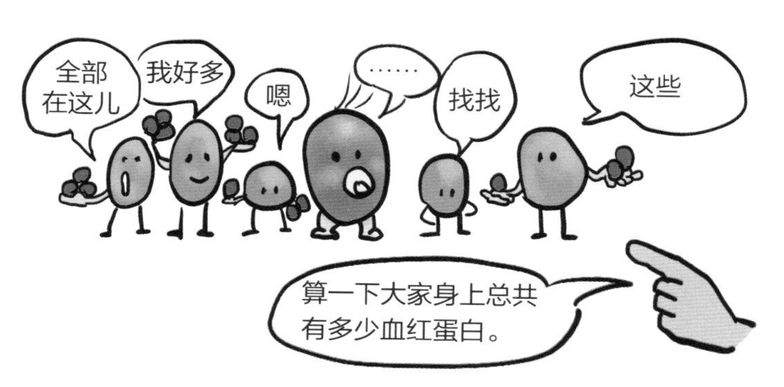

平均红细胞体积 MCV

MCV 的单位是 fL，$1fL=10^{-15}L$。MCV 值偏低代表红细胞过小，也称小球性；MCV 值偏高代表红细胞偏大，也称大球性；正常则称为正球性。

贫血若呈现大球性（MCV 值偏高），通常表示有红细胞的再生。因为刚从骨髓新生出来的红细胞体积较大，颜色偏紫，又称为网织红细胞。而骨髓有新生红细胞出来时，就称为再生性贫血，表示骨髓在努力地制造红细胞来改善贫血的状况，此时平均红细胞体积就会较大。这时候必须配合血液抹片检查，如果检查结果显示红细胞大小不一，且大个的红细胞偏紫色（称为“多染性”），就表示更有可能是再生性贫血。然而，要确诊是否为再生性贫血，还是必须依靠网织红细胞检查。

相反，在贫血的状况下若 MCV 值正常，则很有可能是非再生性贫血，而猫慢性肾脏疾病所导致的贫血正是非再生性贫血。

网织红细胞 RETIC

血检仪器所得出的网织红细胞数据大多仅供参考。最可靠的还是制作血液抹片，以新甲基蓝染剂来染色，再通过显微镜观察，进行人工计算。若结果显示网织红细胞数值增加，则确定为再生性贫血。

伴随猫慢性肾脏疾病出现的非再生性贫血通常发生于慢性肾脏疾病第三期之后（慢性肾脏疾病的分期见第 6 章），如果在第三期之前却呈现严重贫血，且是再生性贫血时，就必须考虑是否有出血（胃肠道溃疡出血）或溶血（自体免疫性溶血性贫血）的并存。

网织红细胞与贫血的关系

刚从骨髓新生的红细胞（网织红细胞）体积比较大，颜色偏紫。进入血液后，大约两天就会变为成熟红细胞。

如果属于再生性贫血，血液中应该会出现较多的新生红细胞，代表骨髓在努力制造红细胞以改善贫血状况。

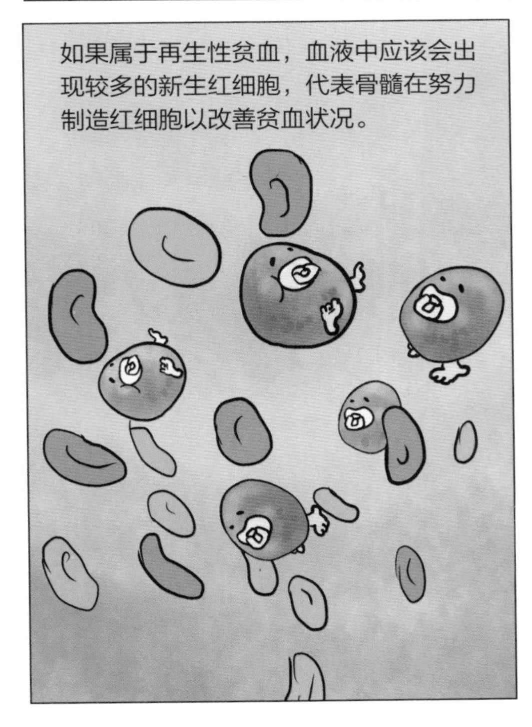

白细胞

简单来说，白细胞就是身体内的防御系统。当发生感染时，白细胞就会被动员来围剿那些入侵的病原，最常见的病原就是细菌。

例如脸上长了青春痘，一旦细菌入侵感染，血液中的中性粒细胞就会被动员到这个青春痘周围来进行围剿。它们会吞噬及溶解细菌，最后将细菌及一些坏死组织包围成一个小脓包，里面的脓液就是中性粒细胞与细菌作战的产物及它们的尸体，而中性粒细胞就是血液中最多的一种白细胞。

如果这个形成脓包的青春痘没有往外溃破，而你又用手去挤，导致脓包往内溃破时，可能就会让脓液在皮下组织内窜流，最后形成蜂窝性组织炎。此时周围的血管都会充血而带来更多的白细胞，骨髓也意识到血液中的白细胞可能不够用，大量制造白细胞至血液循环内，导致血液中白细胞数量的上升，我们称之为白细胞增多症。

白细胞 WBC

WBC是白细胞（White Blood Cell）的英文缩写。血检报告上的 WBC 值代表白细胞数量，单位为 K/μL，K 代表 1000，μL 代表 0.001mL，意思就是每 0.001mL 的血液中有多少千个白细胞。猫的白细胞数量正常值为 2.87~17.02K/μL，意思是每 0.001mL 血液中含有 2 870~17 020 个白细胞。

以前面的例子来说，脸上就算长满很多化脓的青春痘，也很少会导致血液中白细胞数量上升，因为这些感染属于局部局限性的感染，血液中的白细胞就足以应付，不会刺激骨髓增加白细胞的制造。会造成血液中白细胞数量上升的感染，通常是范围大一点、急性且严重一点的感染，例如肾盂肾炎、肾脓肿、子宫蓄脓、肝脓肿，以

中性粒细胞

数量最多的一种白细胞，成熟的中性粒细胞的细胞核会呈现2~5个分叶。身体遭受严重感染的时候，骨髓会增加白细胞的制造，对抗入侵的病原。

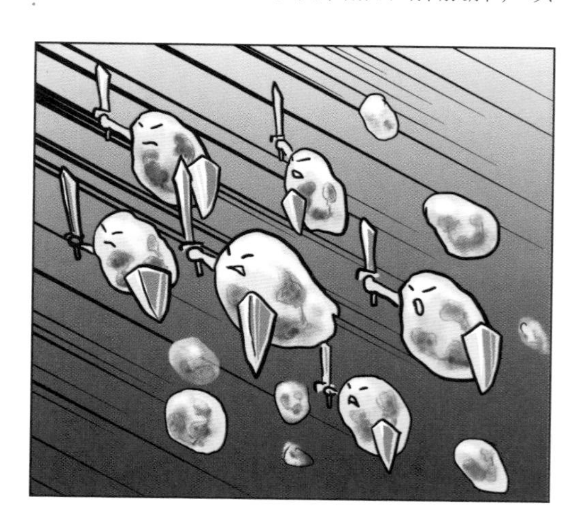

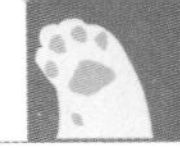

及其他可能发生的全身性感染。

因此，白细胞数量的上升大多代表存在显著的感染问题。

感染若严重到无法控制，此时血液中的白细胞大多都已经战死沙场，而骨髓所增援的新生白细胞也尸横遍野，那么骨髓只好派出更年幼的白细胞上战场。到了这个程度，恐怕身体是打不赢这场战争了。在这种状况下，血液中的白细胞数量反而会减少，并且以年轻的带状核中性粒细胞（Band）为主。

所以白细胞数量的上升只代表中度感染，而白细胞数量的下降及年轻白细胞的出现则代表严重或重度感染。

10 岁以下的猫咪很少发生泌尿系统的细菌感染，这是因为浓缩的尿液中有很高浓度的尿素，所以并不容易滋生细菌。而猫患慢性肾脏疾病时，肾脏大多无法浓缩尿液，再加上猫到老年时免疫系统的弱化，细菌感染的概率大幅上升。因此，在分析猫慢性肾脏疾病的血检报告时，若发现白细胞数量上升，就必须采集尿液进行细菌培养及抗生素敏感试验。或许更应该这么说，当面对猫慢性肾脏疾病时，不论血液中白细胞数量上升与否，都应该进行尿液的细菌培养来排除细菌合并感染的可能性，而且建议每年检查一次。

此时骨髓只好派出更年幼的带状核中性粒细胞。

带状核中性粒细胞（Band）

特征是细胞核尚未分叶，呈马蹄形/C字形。

因此，在血液抹片上如果见到大量的带状核中性粒细胞，代表感染相当严重。

血小板PLT

血小板的英文缩写是 PLT，单位为 K/μL，K 就是 1000，μL 就是 0.001mL，就是 0.001mL 血液中有多少千个血小板。猫的血小板正常值为 151~600 K/μL，一般而言，猫慢性肾脏疾病很少会影响血小板值，而且通过仪器测量血小板数量时很容易受到电磁波干扰，所以当数值呈现异常时，必须以血液抹片检查再进行确认。如果猫皮下出现紫斑（像人类淤血一样的皮下出血），而血小板数量也显示过低时，就必须进行相关的血凝功能检测及骨髓活检。

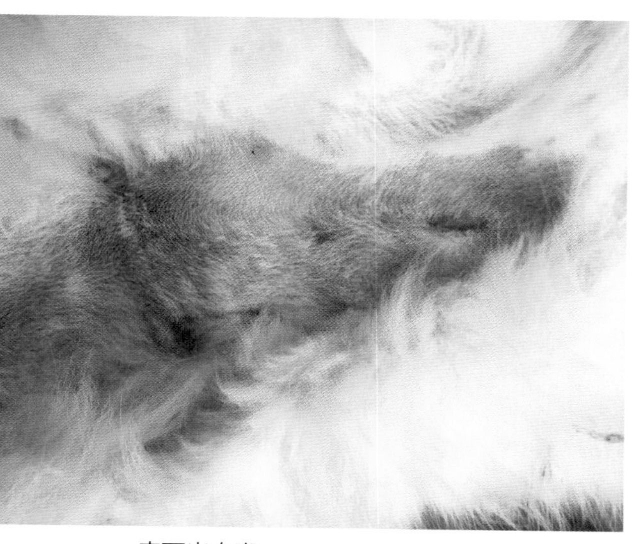

皮下出血斑

4.1.2 血液生化

血中尿素氮 / 尿素 BUN

血中尿素氮（BUN）是一种蛋白质的代谢产物，也算是一种尿毒素。因为其毒性轻微，又相对容易检测其血中浓度，所以被作为肾脏功能的指标之一。

当猫咪吃了富含蛋白质的食物，如肉类，食物就会在胃里进行初步的消化，再被送往小肠，而小肠才是主要消化的开始。

进入小肠的蛋白质会被多种酶水解成氨基酸及小多肽。氨基酸可以直接被小肠黏膜吸收而进入血液循环（门静脉），小多肽则在肠细胞内被水解成氨基酸后再进入血液循环。这些氨基酸接着就会被运往身体各个组织，供合成蛋白质及提供热量之用。

在这个过程中，还是会有一些氨基酸、多肽、未消化的蛋白质留存在肠道内，在肠道细菌的作用之下形成具有毒性的氨。这些氨会被吸收而进入血液循环（门静脉）。

进入血液循环之后的氨会被送往肝脏进行解毒（尿素循环），最后形成毒性较小的尿素，然后通过肾脏排泄至尿液中。

不过，身体的血液循环中约有 25% 的尿素会再扩散进入肠道，然后被细菌水解成氨，接着又被吸收进入血液循环，并且送往肝脏进行解毒。

另一方面，从肠道吸收进入身体的氨基酸会参与身体的很多代谢过程，在过程中也常常会发生脱氨作用而产生氨。这些氨最终还是需要送往肝脏进行解毒而形成尿素。

因此，我们知道尿素是蛋白质吸收代谢后的主要含氮废物。因为 BUN 是小分子且不带电荷，所以可以自由地在体液内扩散，也会完全滤出至肾小球滤液中。

当肾脏功能不足 1/4 时（肾小球滤过率<25%），血中 BUN 浓度就会开始上升，就称为氮质血症。BUN 正常值为 10~30mg/dL（<5U/L）。

不过，BUN 不像肌酐（第 41 页）那样具有肾脏特异性，因此并不是肾脏功能的良好指标。因为会造成血中 BUN 浓度上升的原因太多，但凡进食高蛋白食物或出现胃肠道出血、脱水、发烧等状况，都会导致血中 BUN 浓度上升。因此血中 BUN 浓度上升不代表一定是肾脏本身出了问题。

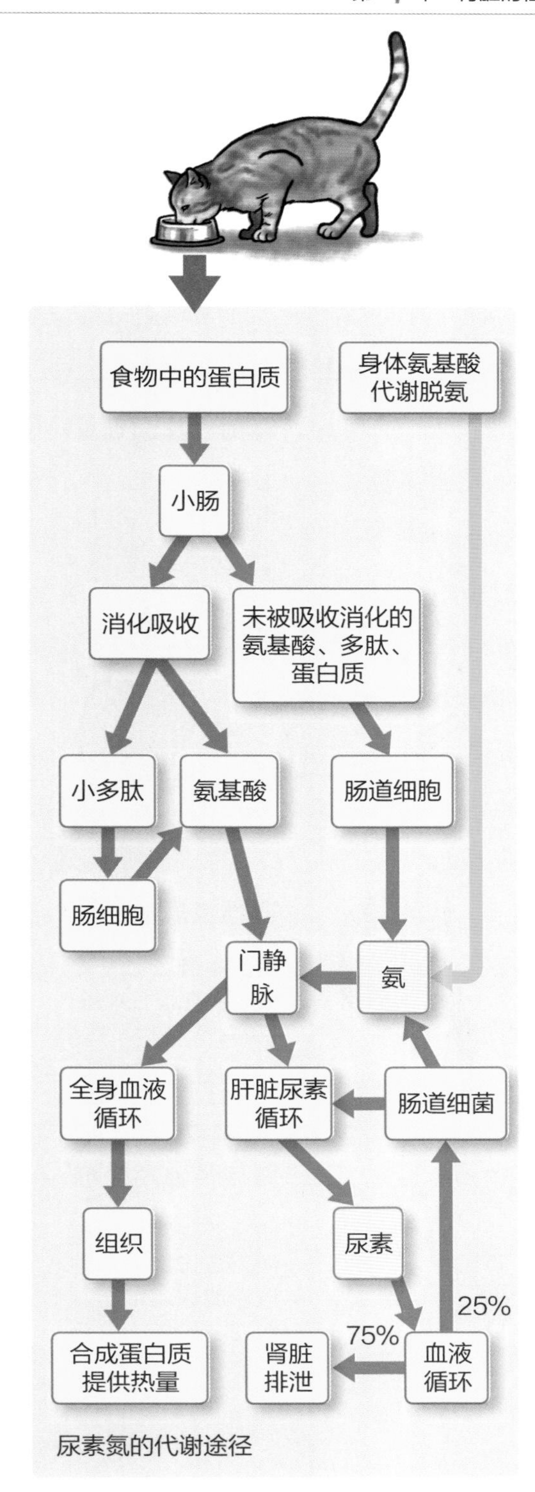

尿素氮的代谢途径

为了判断氮质血症的源头，我们进一步把氮质血症分为肾性氮质血症、肾前性氮质血症及肾后性氮质血症，不能只根据 BUN 数值就判定为肾衰竭或肾功能不全。

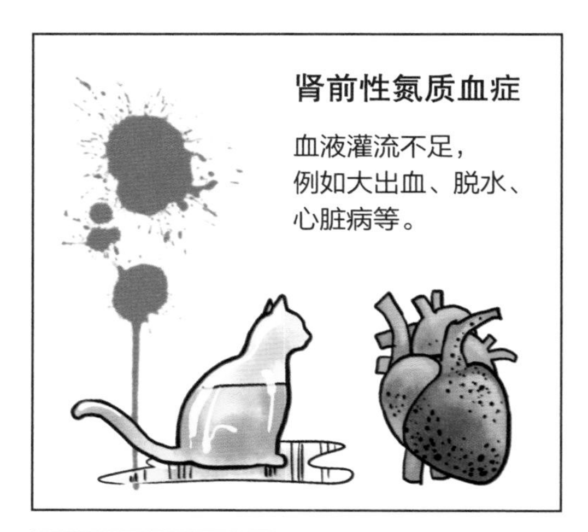

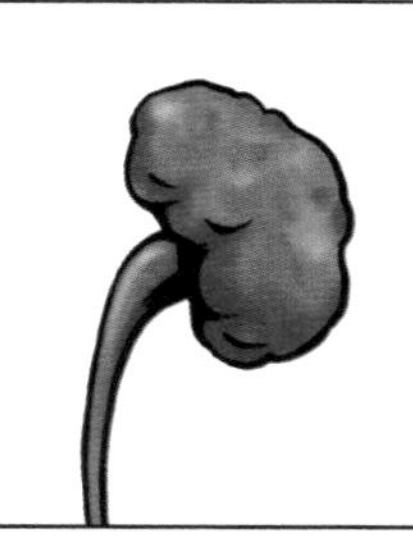

肾性氮质血症

肾脏本身功能的丧失，例如慢性肾脏疾病。

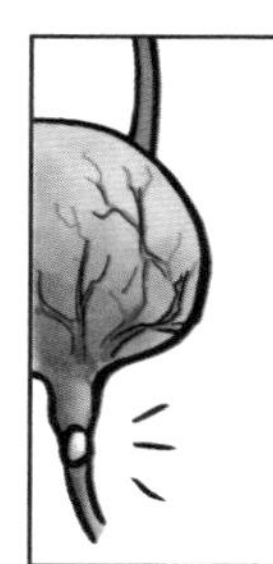

肾后性氮质血症

尿路的阻塞造成尿液无法排放，如输尿管或尿道结石、尿道栓子等。

肾性氮质血症，顾名思义，起源于肾脏本身功能不足。

肾前性氮质血症，指的是这样的氮质血症并不是肾脏本身功能不足所造成的，而是由严重脱水、大出血、心脏病等原因所导致的。这些状况会造成肾脏血液灌流不足或血压不足，而我们知道尿液的制造需要足够的血液总量及足够的血压推送，所以当上述原因发生时，肾脏可能无法发挥正常功能，而让尿毒素在血中积存、上升，成为肾前性氮质血症。这种状况下，血中 BUN 浓度会明显攀升，但肌酐浓度的上升则很轻微。

因此，兽医师可以根据下列公式来判断是否为肾前性氮质血症：

BUN：Creatinine= 5~20

➔ 肾性氮质血症

BUN：Creatinine > 20

➔ 肾前性氮质血症

肾后性氮质血症，指的是肾脏功能正常，但因为尿液排放阻塞而导致的氮质血症，如由输尿管结石、尿道结石、尿道栓子等所导致的氮质血症。此时 BUN 浓度及 Creatinine 值虽然会呈现等比例上升，但很容易通过其临床症状（如尿急痛、尿急迫、无尿等）来判断为肾后性氮质血症。

肌酐
Creatinine / Crea / CRSC

肌酐是肌酸的代谢物，主要通过肾脏排泄，因此可以通过测定血液中的肌酐浓度来判断肾脏功能是否异常。

动物每天的生活，包括行走、运动及捕猎，都需要运用肌肉，因此肌肉是需要大量能量的，其主要的能量来源就是肌酸（Creatine，或称肌氨酸）。

肌酸可以从肉类食物中获取，身体也可以通过肝脏将三种氨基酸自行合成肌酸，之后通过血液循环运送并将其储存在肌肉组织中，让肌肉使用。

肌肉在利用肌酸作为能量来源时，会产生一种代谢废物，就是肌酐。代谢产出的肌酐随后会被释放到血液循环中，再通过肾脏排泄。

肌酐不像 BUN 那样会受很多非肾脏因素的严重影响，但它仍然会被年龄、性别、体态及身体肌肉量等因素所影响，所以也不能算是肾功能评判的完美指标。因此，在肌酐判读上必须配合考虑猫咪的身体状态。

例如，肌肉含量的多寡就会影响肌酸在身体内的储存量，因此肌肉量大的动物，肌酐的基础值会比较高，而肌肉量较少的动物就比较低。

所以一只很瘦的肾衰竭猫咪，如果其肌酐的数值为 2.4mg/dL（正常值上限），就必须怀疑其实数值应该更高，且肾脏状况应该比想象中更严重。因为过少的肌肉含量会造成身体内肌酸的储存量不足，所以代谢所产生的肌酐一定也偏低，就不足以代表这只猫现在肾脏状况的严重程度。

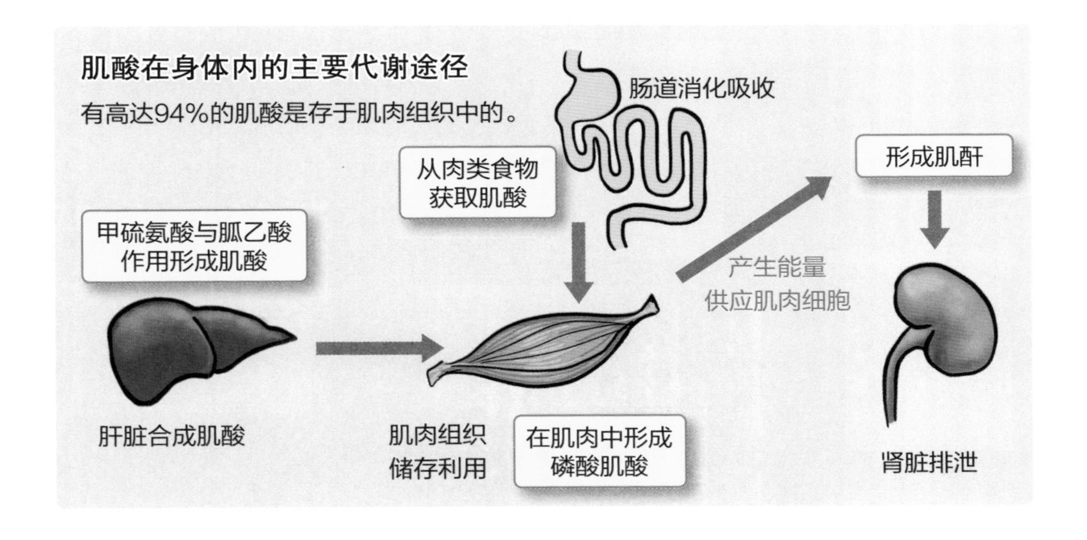

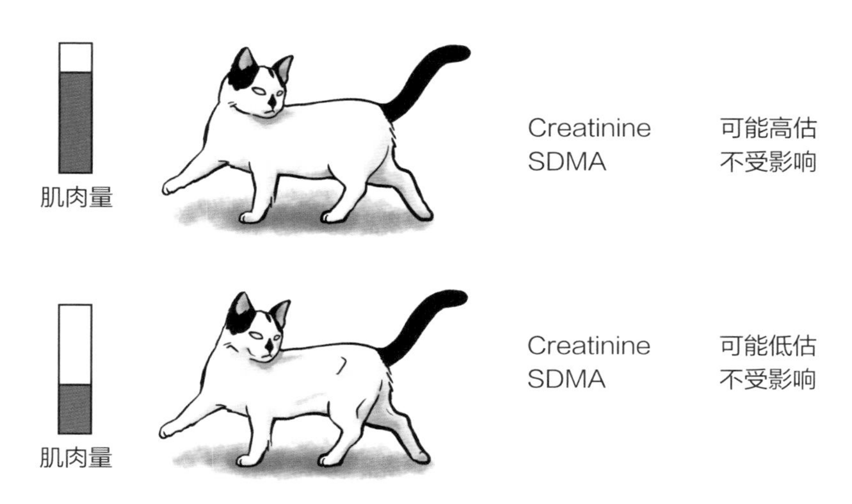

身体肌肉量极高或极低的猫，肌酐（Creatinine）的检验结果可能会被高估或低估。相较之下，SDMA可不受肌肉量影响。

另外，肌酐的判读最好配合尿比重进行。如果肌酐数值上升，且尿比重呈现等渗尿时（尿比重介于 1.008 到 1.012 之间，就称为等渗尿，意思是尿液浓缩能力差），就支持了肾脏疾病存在的诊断了。正常状况下，肾脏只要有 1/4 以上的功能，就可以维持血液中肌酐的正常数值，其正常值为 0.8~2.4mg/dL，建议禁食 8 小时后抽血检验，否则容易因数值偏高而误判。

对称二甲基精氨酸（SDMA，Symmetric Dimethylarginine）

SDMA 是甲基化的精氨酸，是蛋白质降解之后的产物，会释放于血液循环中，再通过肾脏排泄，是一种新的肾脏功能指标，通过该指标可以更早地发现肾脏疾病的存在。

相较于肌酐数值在高达 75% 的肾脏功能流失时才会呈现上升，血液中 SDMA 浓度在肾脏功能流失超过 25% 时就会显示上升，因此有机会提早四年就检查出猫是否患有慢性肾脏疾病。

而且，SDMA 几乎完全通过肾脏过滤而排泄，不受肾脏以外的因素所影响（例如，肌酐会受身体肌肉量的影响）。因此，SDMA 可以更准确地反映老猫及恶病质等消瘦猫咪的肾小球滤过率。

SDMA 目前已经被加入 IRIS 慢性肾脏疾病分级的判定准则内，正常值为 14μg/dL 以下（检验参考值的详细说明见第 77 页）。

钠离子

身体内的钠离子主要存在于细胞外液中，是维持细胞外液渗透压的主要离子。而细胞外液最主要的存在地方，就是血管内的血液。

所谓渗透压，就是吸引水进来的能力。身体内的水分都是固定的，有排出有进入。细胞外液渗透压主要由钠离子维持，而细胞内液体的渗透压则主要依靠钾离子维持。也就是说，细胞内与细胞外水分的平衡主要就是依靠钾离子与钠离子的调节。

因此，当血液中的钠离子浓度偏低时，水分就会往细胞内移动而造成细胞水肿；当血液中钠离子浓度偏高时，水分就从细胞内往血液中移动而造成细胞脱水。

而细胞不论水肿或脱水都会导致细胞功能失调，其中以神经细胞最为敏感。所以血液中的钠离子浓度异常时，最容易导致神经系统的异常，表现为精神不好、昏睡，甚至癫痫。

正常状态

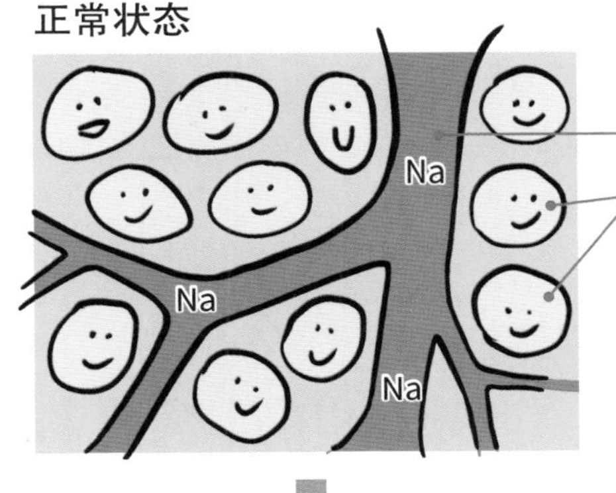

血液中钠离子数量正常，细胞外液（血液）与细胞内液皆维持平衡状态。

血钠过低时

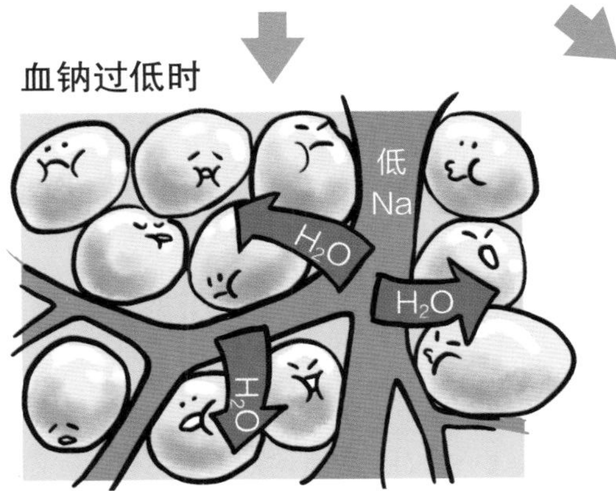

水分从血液中往细胞内移动，造成细胞水肿。

血钠过高时

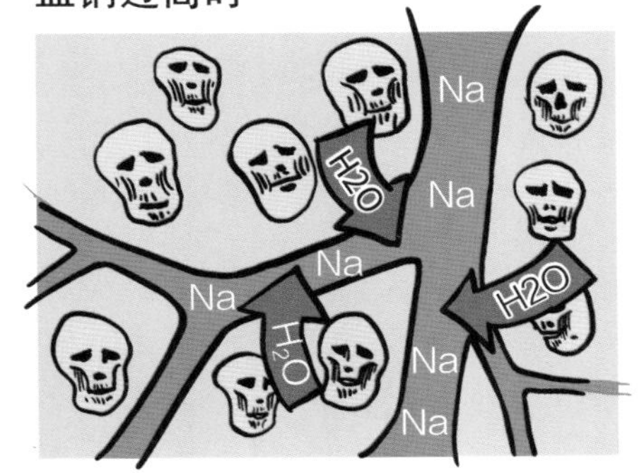

水分从细胞内往血液中移动，造成细胞脱水。

所以钠离子是维持血液总量的重要因素。就是因为钠离子的作用，能将水分留在血管内。

肾脏功能的重要决定因素之一，就是足够的血量。肾脏会将过滤至滤液中的钠离子尽可能地完全回收，以维持足够血量。所以若流入肾脏内的血量不足，就会促使肾脏分泌肾素，而肾素会把肝脏制造的血管紧张素原转化成血管紧张素 I，之后血管紧张素 I 再被肾脏及肺脏制造的血管紧张素转换酶转化成血管紧张素 II。

这时候的血管紧张素 II 就具有很多生理作用了。它可以刺激肾上腺分泌醛固酮，醛固酮再作用于肾小管而增加钠离子的再吸收，意思就是将肾脏滤液中的钠离子更进一步回收至血液中。醛固酮也会将血液中的钾离子更进一步排放至肾脏滤液中，我们称之为蓄钠排钾，就是留下钠离子、排掉钾离子，这是维持血量的重要调控机制之一。

如果是因为肾上腺功能不足而无法分泌足够醛固酮，就会造成血液中钠离子含量过低而钾离子含量过高，这是肾上腺功能不足（也称为爱迪生氏病）的重要证据之一。低血钠会使得猫咪血液中留不住水而呈现脱水，而脱水又会造成肾前性氮质血症，这些都是爱迪生氏病的伤害原理。

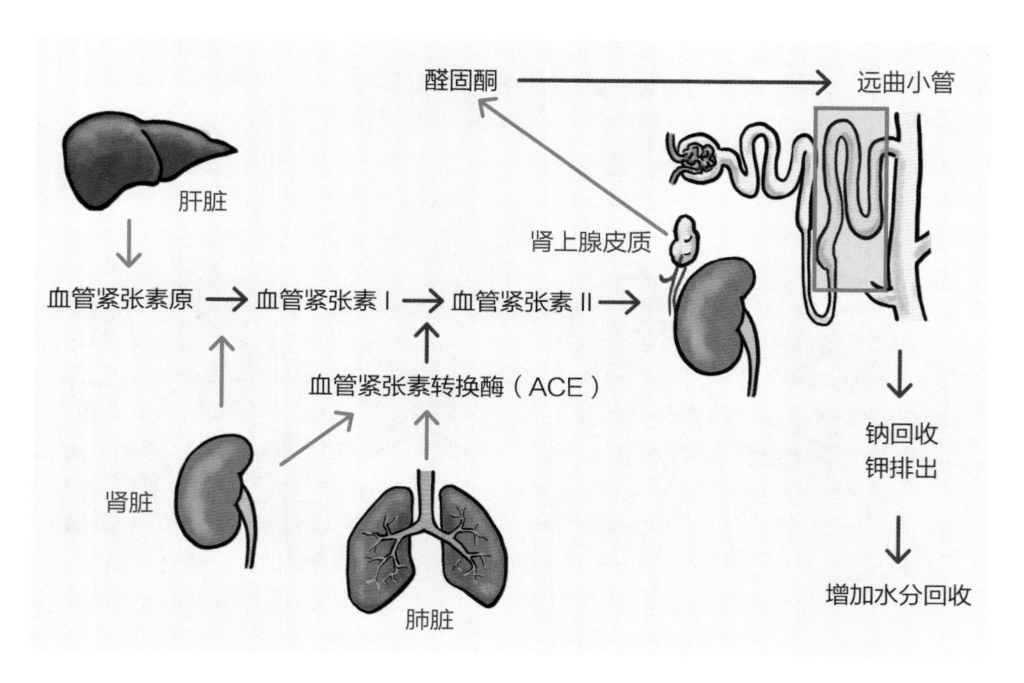

既然钠离子是维持血液中水量、血量的重要因素，那么兽医师在选择静脉输液时，血液中钠离子浓度就是重要的参考指标。当血液中钠离子浓度过低时，就必须选择富含钠离子的点滴液；当钠离子浓度过高时，就必须选择低钠或不含钠的点滴液。但这些调整都必须缓慢进行，否则细胞内剧烈的渗透压变化会成细胞破裂。

不过，当只是单纯的猫慢性肾脏疾病时，血液中钠离子的浓度变化并不大，所以其重要性就没有钾离子浓度那么大了。

钾离子

身体内的钾离子主要存在于细胞内，是维持细胞内渗透压的主要离子。

在水分的分布上，钾离子的重要性没有钠离子那么强。但是在神经及肌肉动作电位传导上，钾离子则扮演着相当重要的角色。所以当猫体内缺乏钾离子时，会呈现嗜睡、沉郁及肌肉无力等症状。特别是当猫的脖子无力抬起，一直呈现仿佛垂头丧气的姿态时，就必须怀疑低血钾的可能性。

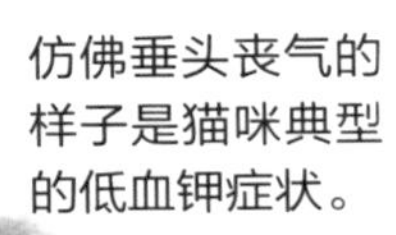

仿佛垂头丧气的样子是猫咪典型的低血钾症状。

急性肾脏损伤或尿道阻塞时

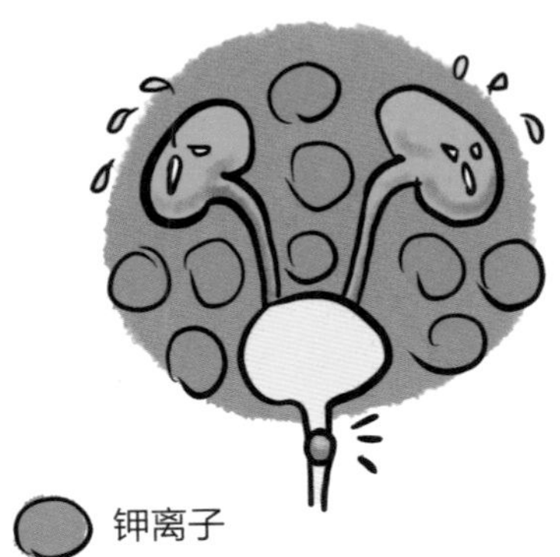

因为无法排尿而让钾离子蓄积在体内，导致高血钾。

慢性肾脏疾病时

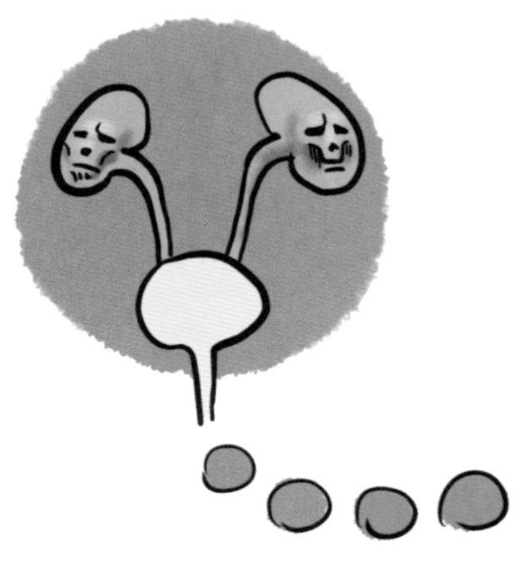

因为无法浓缩尿液而流失大量钾离子，导致低血钾。

血液中的钾离子在肾脏会进行再吸收及排泄，但排泄似乎占有比较大的比重。在无尿或寡尿的急性肾脏损伤及尿道阻塞情况下，因为无法排出尿液，所以连带着无法将钾离子排泄出身体外，会引发严重高血钾，从而导致严重心律不齐，甚至引发死亡。

但在猫患慢性肾脏疾病时，则因为无法浓缩尿液而造成尿量大增（多尿），所以很多钾离子会随着尿液排出体外，从而导致低血钾。

所以如果猫在患有肾脏疾病的同时却呈现高血钾，就必须怀疑是否有尿液排放管道的阻塞，或尿液形成的阻碍。前者包括输尿管结石或肿瘤，以及尿道结石或肿瘤阻塞，而后者最常见的为急性肾小管坏死所造成的肾小管阻塞（急性肾脏损伤）。

如果呈现低血钾，就比较符合慢性肾脏疾病的表现了。

钾离子的正常值为 3.5~5.1mEq/L（3.5~5.1mmol/L）。

钙离子

一般人看到钙可能会直接联想到骨头的问题。身体内最大的钙仓库的确是骨头，但钙在身体内扮演的角色却远比我们想象的多且重要。

钙在肌肉神经传导上、血凝功能上，以及肌肉收缩上扮演着重要的角色。心脏跳动所需要的心肌收缩就需要钙的存在，而血管平滑肌的收缩及维持血管的张力也需要钙，也因此才能维持正常的血压，所以钙离子在心脏血管的正常运转上是非常重要的。

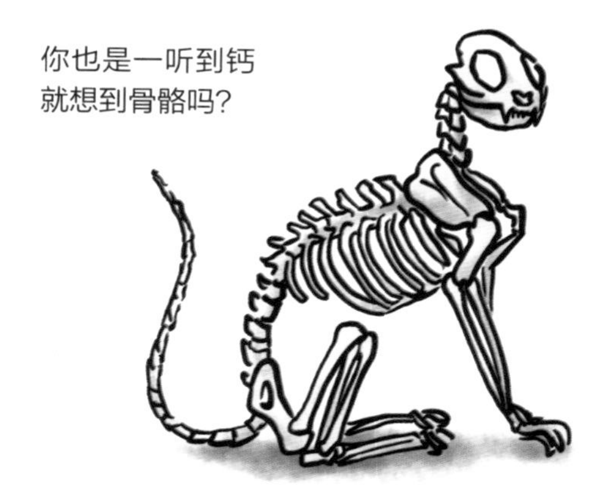

钙除了构成骨骼，还负责很多功能，包括调节神经传导、凝血、肌肉收缩、血管平滑肌收缩等，对于心脏血管的正常运转也十分重要。

那么，钙离子和肾脏功能有什么关系呢？钙的吸收必须依赖正常的肾脏功能。

首先，钙必须从食物中获取。但可惜的是，我们吃进去的钙大部分（九成）会随粪便排出而不能被身体所吸收，只有一成可能会在小肠被吸收。而小肠这样的吸收作用必须依靠具有活性的维生素 D 才能完成，这种维生素 D 称为钙三醇。

在第 2 章我们讲过，人类的皮肤在紫外线照射下可以自行合成维生素 D，但猫却不行，所以猫的维生素 D 完全是依靠食物而获取的。通过食物获取的维生素 D 并不具有生物活性，必须先通过肝脏转化成钙二醇。但钙二醇的生物活性也只有一点点，必须再通过肾脏转化成钙三醇，才具有最大的生物活性，以协助小肠对于钙质的吸收。

所以当肾脏功能出现问题时，无法产生足够的钙三醇，小肠也就无法顺利吸收钙质，就算每天吃十瓶钙粉也是枉然，通通随粪便大江东去了。

此时，身体当然不可能放任血液中的钙离子浓度不足而不管，当甲状旁腺监测到低血钙时，就会分泌甲状旁腺激素去向身体的钙仓库（骨头）借钙。长期地刺激下来，就会造成甲状旁腺功能亢进，拼命地从骨头中抽钙而导致肾性骨病（人类常见，包括骨质疏松、骨质减少、软骨病等，猫罕见，可能跟寿命不长有关）及高血钙。

高血钙会有什么问题呢？血液中的钙离子不是越多越好吗？

身体中的离子都是够用就好，太多无益且有害。况且，高血钙若是再配合上慢性肾脏疾病所导致的高血磷，就会结合成磷酸钙，造成身体器官组织的矿物质化，也就是俗称的钙化（血液中总钙浓度 × 血磷浓度 > 60 时，就容易导致软组织钙化）。

钙离子也和这些功能有关：

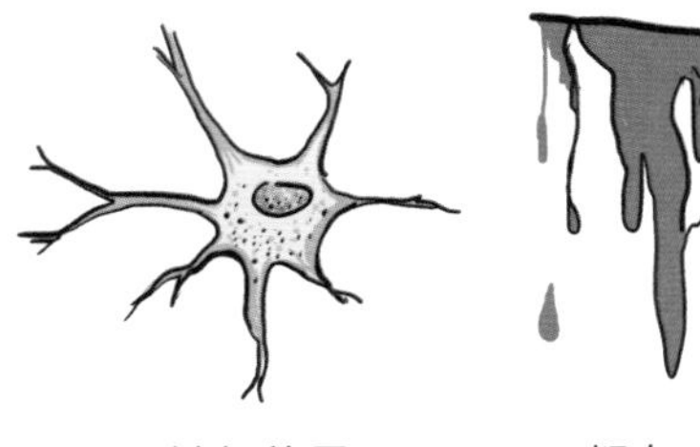

神经传导

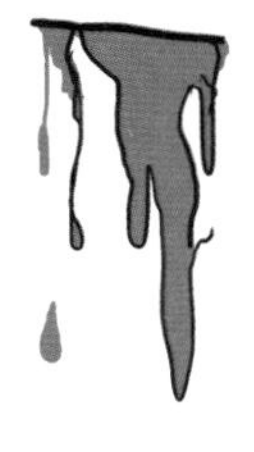

凝血

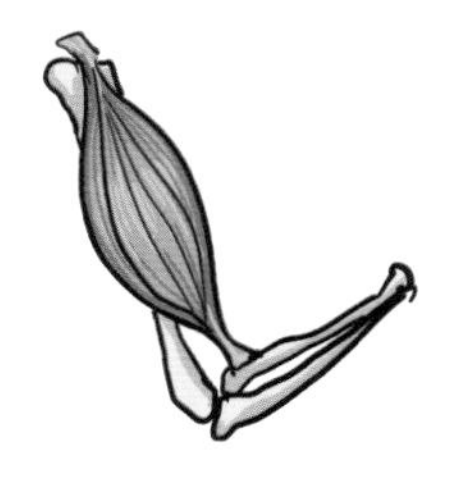

肌肉收缩

血管平滑肌收缩

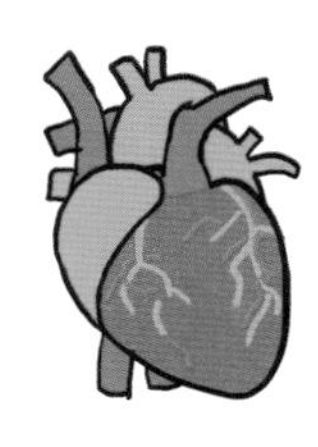

心肌收缩

当磷酸钙沉积在组织内时，功能组织会因被占据而减少，并引发一连串炎症反应，导致最终的纤维化，也就是硬化。身体内最容易发生钙化及纤维化的器官，就是肾脏本身。

所以猫在患慢性肾脏疾病的初期可能会出现低血钙，我们要努力做的就是通过给予钙三醇来矫正低血钙，以及防止甲状旁腺功能亢进；在慢性肾脏疾病后期，如果已经因甲状旁腺功能亢进而导致高血钙，我们要努力做的就是通过降低血磷来避免肾脏组织的钙化伤害。

可是为什么我们看到检验报告上的血钙浓度大部分都是正常的？而且很少有兽医师会提供这方面的治疗建议？这是因为血液生化仪器检验的是总钙值，而我们上面所提到的高血钙或低血钙指的是钙离子在血液中的浓度。猫血液中的总钙浓度正常值为7.8~11.3 mg/dL（1.95~2.83 mmol/L），正常钙离子浓度为 4.5~5.5 mg/dL（1.13~1.38 mmol/L），仅凭血液中的总钙浓度无法判断钙离子的浓度，这是临床兽医师在钙浓度检验上的“罩门”。

为什么不直接检验钙离子浓度呢？因为检验钙离子浓度要使用特殊的血液气体分析仪，而不是一般的血液生化仪，检验费用往往是总钙浓度检验费用的好几倍。

还有另一个需要思考的是，检验出钙离子浓度后能进行什么治疗？

慢性肾脏疾病所导致的钙离子浓度低，理论上需要给予钙三醇口服药进行补充。但人类的钙三醇口服药剂型单位很大，所以很难准确分装来给猫使用。并且，人类用的钙三醇口服药，已被证实生物利用性不佳，意思是吃了也不好吸收，很难产生作用。在美国有专门的动物药厂以定制的方式提供猫专用的钙三醇油剂，其吸收效果较好，但保存时间短，所以很难商品化营销，台湾目前也没有这样的药物。而且就算有这样的药物，也必须定期复诊，监测钙离子浓度，以免反而形成高血钙而造成肾脏钙化的伤害。

至于高血钙呢？

因为高血钙大多发生于末期肾病，而临床惯用的降血钙药（类固醇或利尿剂）也不太适合在这样糟糕的状况下给药。最好就是控制血磷浓度，尽量让血液中总钙浓度 × 血磷浓度不要大于 60，以尽量避免肾脏钙化的伤害。

患慢性肾脏疾病时甲状旁腺与血钙的关系

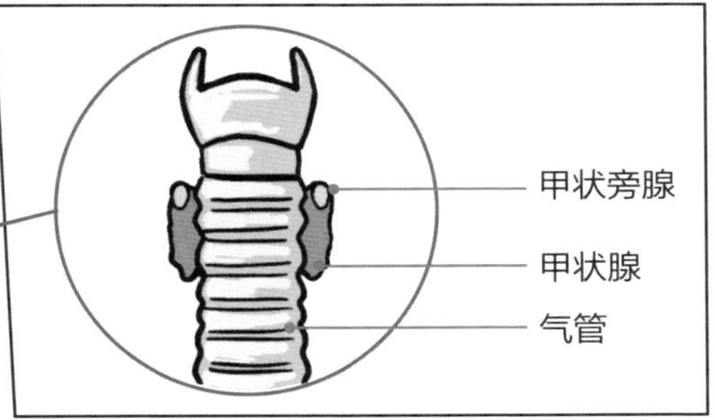

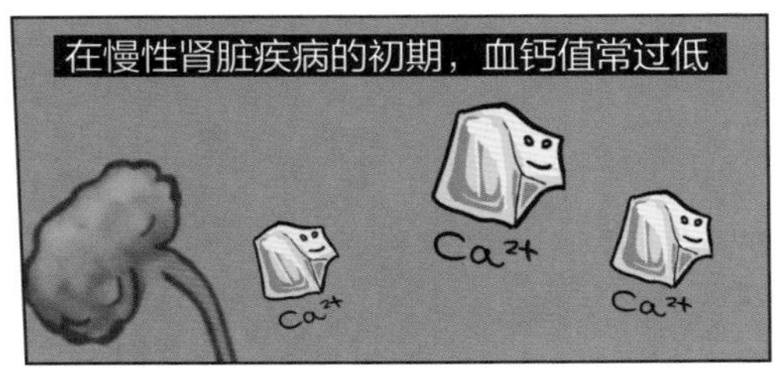

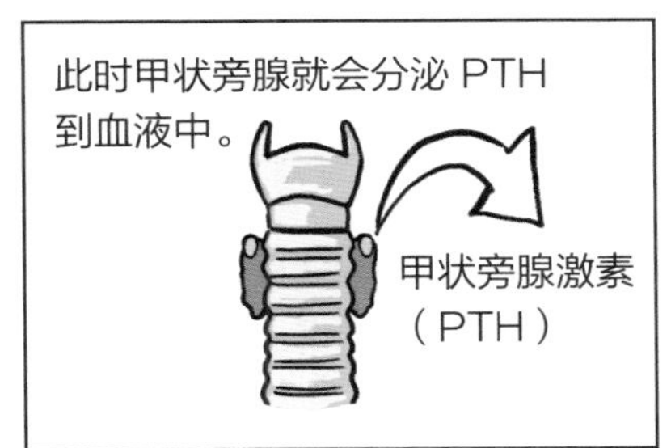

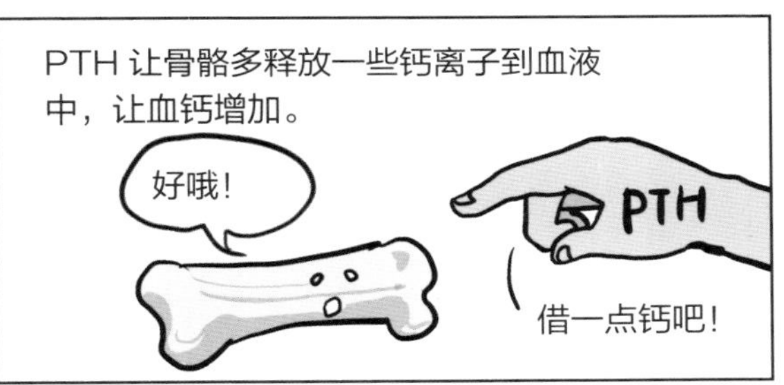

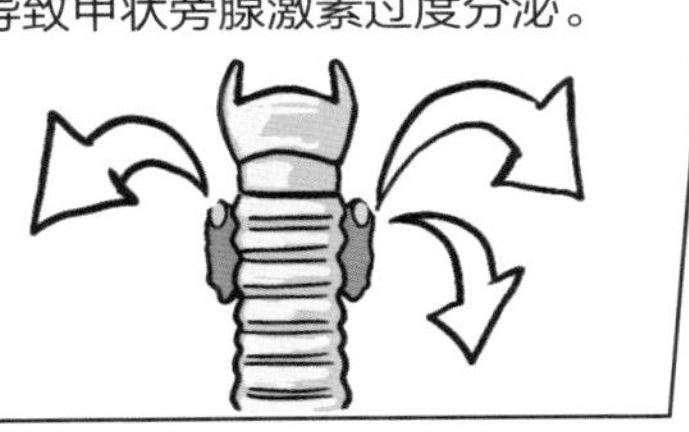

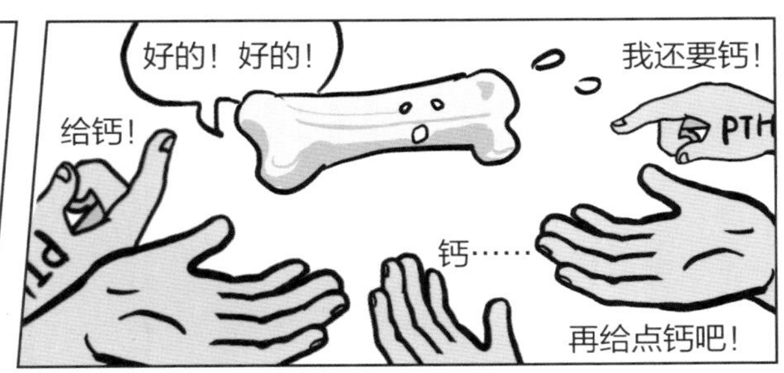

磷酸盐

磷是身体必需的矿物质营养素。

由于磷在自然界中分布甚广，因此一般情况下很少会缺乏。肉类食物中含有丰富的磷，越是高蛋白的食物，其磷含量通常也越高。

磷的主要功能有构成细胞的结构物质、调节生物活性与参与能量代谢等。缺磷会导致成长迟缓、钾细胞及镁离子的流失增加，影响细胞功能。严重的低血磷会造成溶血、呼吸衰竭、神经症状、低血钾及低血镁。

在患有慢性肾脏疾病时，磷酸盐无法顺利从尿液中排泄，所以会导致血液中磷酸盐浓度上升，就是所谓的高血磷。而血磷浓度与血液中的总钙浓度的乘积大于 60 时，就会导致肾脏的钙化伤害。而且研究也发现，适当控制血磷浓度对于提高患慢性肾脏疾病猫咪的生活质量是有帮助的。

血液生化仪器厂商所提供的正常血磷值通常为 3.1~7.5mg/dL，这是因为将骨骼发育活跃的年轻猫族群也纳入了统计中。若是正常成年猫，血磷浓度应该为 2.5~5.0mg/dL。因此，如果是成猫的慢性肾脏疾病控制，建议尽量将血磷值控制在 4.5mg/dL 以下。

食物中的奶、蛋、鱼、肉、海鲜中都含有丰富的磷和磷酸盐。

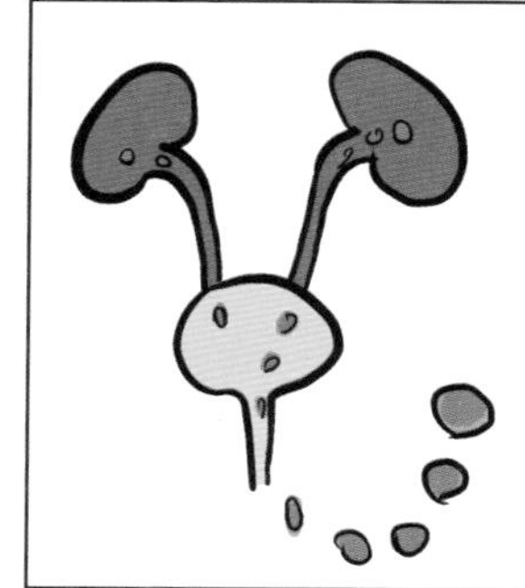

磷主要是通过肾脏从尿液中排出。患有肾脏疾病的时候，磷则会蓄积在血液中。

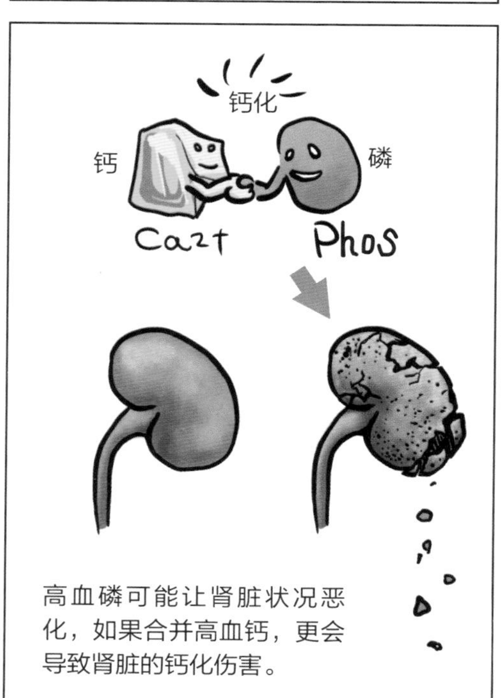

高血磷可能让肾脏状况恶化，如果合并高血钙，更会导致肾脏的钙化伤害。

白蛋白（Albumin / ALB）

几乎所有的血浆蛋白质都是由肝脏合成的。有 50% 以上的代谢成果就是用来制造白蛋白，而肝脏的白蛋白合成速率主要是由胶体渗透压所控制的。

白蛋白最主要的功能就是维持胶体渗透压。而且，白蛋白的分子大于肾小球的过滤孔，且跟肾小球基底膜一样带负电，所以白蛋白一般不会进入肾小球的滤液中。

但当肾小球的过滤系统遭到破坏时（最常见的是肾小球高压、肾小球肥大），就会导致白蛋白流失于尿液中，我们称之为蛋白尿。

当白蛋白大量流失时，也可能导致低白蛋白血症，这会导致胶体渗透压不足，使得血管内及间质之间的液体平衡遭到破坏，而让血管内的水分往间质移动，进而造成组织水肿，如周边水肿及腹水。

白蛋白的正常值为 2.2~4.0 g/dL（22~40 g/L）。

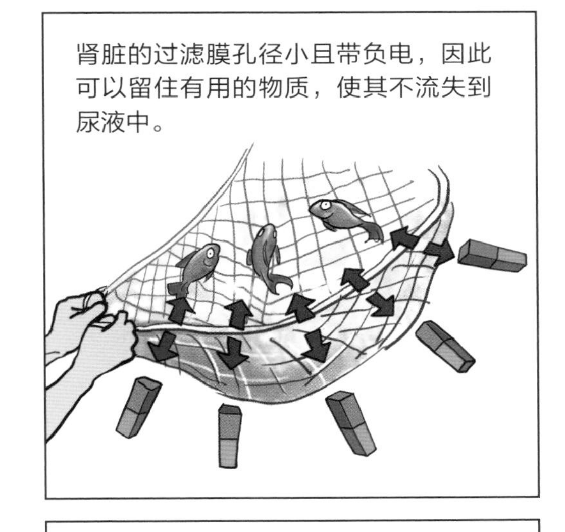

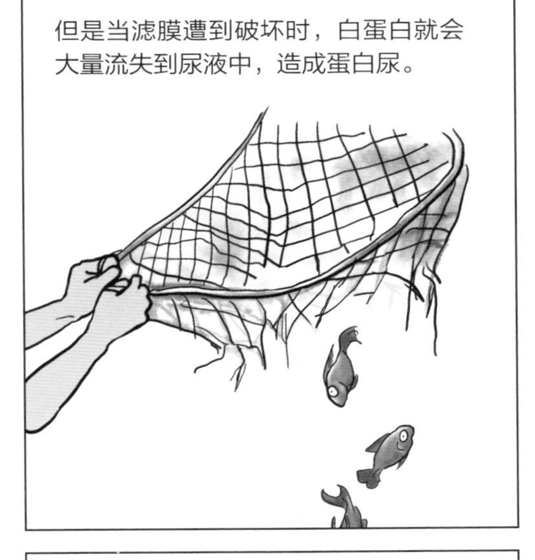

重碳酸根离子/总二氧化碳浓度/酸碱度（HCO_3^- /TCO_2 /pH）

身体内的液体，特别是血液，必须保持在固定的酸碱度状况下，才能确保身体的正常运作。就像我们吃菜一样，太酸难以下咽，太咸也实在吞不下去。

身体的很多新陈代谢都会产生酸，例如蛋白质及磷脂质的代谢会产生酸（H^+），而碳水化合物及脂肪的代谢也会产生酸（CO_2），所以身体必须有精密的酸碱平衡系统。如何将代谢所产生的源源不断的酸排出体外，并将碱不断地回收，就是身体运作上的一大课题。

而肾脏正是负责这一重大功能的器官之一。简单地说，肾脏会努力将酸排到尿液中而送出体外，并将肾小球滤液中的碱不断地回收，这样才能维持身体的酸碱平衡。所以当肾脏功能出现问题时，身体内的酸就无法顺利排出而蓄积在身体内，导致所谓的代谢性酸中毒。

代谢性酸中毒通常会出现于较严重状态的猫慢性肾脏疾病中。严重代谢性酸中毒发生时，猫咪会精神不佳、呼吸过快、下痢、呕吐、发烧，甚至神志不清。

我们已经知道，对于患慢性肾脏疾病的猫，尽量降低含氮废物产生是很重要的一环。然而慢性的代谢性酸中毒偏偏会促成体内蛋白质的分解代谢，而增加了含氮废物的产生。因此尽管已经使用低蛋白的肾脏处方食品喂食猫咪，但有代谢性酸中毒存在时，处方食品的好处也会被抵消掉。

重碳酸根离子 / 总二氧化碳浓度 /酸碱度（HCO_3^- /TCO_2 /pH）就是用来检验血液酸碱度的数据，兽医师会根据这些数值来判定是否有代谢酸中毒的状况存在，并据此调整所输液体的酸碱度来矫正酸中毒的状况。

猫的体液的正常酸碱度（pH值）为 7.31~7.462，所以并不是维持在中性，而是略微偏碱性。猫血液中 HCO_3^- 的正常值为 14.4~21.6 mEq/L，TCO_2 的正常值为 16~25 mmol/L，数值过高就表示碱中毒，过低就表示酸中毒。

4.2 尿液检查

尿液检查首先需要尿液样本，但采集尿液有时候会有点难度。如果是自行在家中采尿，猫咪一般尿在猫砂盆中，但尿液沾到猫砂后成分会改变，检验结果可能就不准了。即使能让猫咪尿在空盆中，尿液也可能因为摆放久了而变质。因此比较好的方法是将猫咪带到兽医院内采尿。不过，猫咪当下也可能膀胱中没有尿液，或者有些猫无法挤出尿液。这时通常需要进行膀胱穿刺抽尿，或者在镇静状况下进行导尿来获取尿液。

尿液细菌培养及抗生素敏感试验（Urine Bacterial Culture and Antibiotic Sensitivity Test）

如前文所讲，猫患慢性肾脏疾病时尿液无法浓缩，再加上免疫系统因为年纪大了而弱化，细菌感染的概率会大幅增加。因此在评估猫慢性肾脏疾病时，不论血液中白细胞数量上升与否，都应该进行尿液的细菌培养来排除细菌合并感染的可能性。

若尿液培养出细菌，表示有感染，此时通过抗生素敏感试验就可以协助找出控制感染适用的药物。

另外，尿液培养所使用的尿液样本最好通过膀胱穿刺获得，因为这样污染最少；其次是由兽医师挤尿而悬空接尿，但并非每次都能成功，也容易因培养到被尿道污染的细菌而误判。

尿液中蛋白质与肌酐的比值（Urine Protein-to-Creatinine Ratio / UPC）

这项尿液检验是用来检测猫咪蛋白尿（尿液中如果出现明显蛋白质，就称为蛋白尿）的严重程度的，持续监控 UPC 可以判断肾脏疾病的进展状况，并且评估治疗的效果，或者早期发现肾脏疾病的存在。

没有患氮质血症的猫咪，其UPC值应小于 0.5，患有氮质血症的猫咪该值应小于 0.4，当尿液样本是通

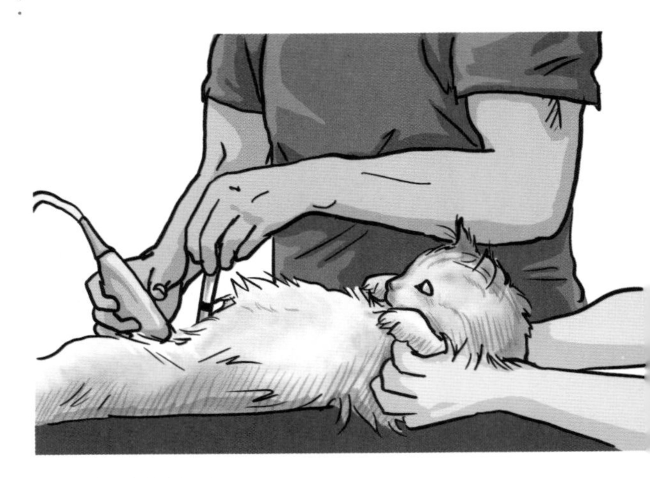

膀胱穿刺采尿

过膀胱穿刺获得且 UPC 值高于 1.0 时，就必须强烈怀疑是肾小球疾病。当慢性肾脏疾病合并 UPC 值过高时，就必须要通过药物来降低肾小球内的血压，以减少蛋白质从尿液中流失，这对于猫咪的存活时间及生活质量都是有帮助的，例如给予 Benazepril 或 Semitra®。

尿比重（Urine Specific Gravity）

尿比重主要检测的是猫咪对于尿液的浓缩能力。

正常状况下，猫咪会尽可能地将肾小球过滤液中的水分重新吸收回血液循环中，使尿液更加浓缩来保留水分。这样才可以确保猫咪不容易出现脱水状态，特别是像猫咪这样不爱喝水的动物，尿液浓缩能力显得更加重要。

另外，对于喂食干饲料的猫咪而言，因为水分摄取量更少，所以尿液浓缩也更加重要。

一旦肾脏功能出现问题，猫咪就会逐渐丧失尿液浓缩能力。这时候我们常会发现猫咪的尿量增加了，喝水量也增加了，而且尿骚味也没那么重了。很多猫家长还会为此开心，殊不知慢性肾脏疾病已经纠缠上你的猫咪了。

因此，尿比重的测量也是早期发现猫咪肾脏疾病的检验项目之一。

但请切记，一般的尿液试纸条所测出的尿比重是不精确的，必须使用犬猫专用的尿比重仪来测量。人类的尿比重仪也无法精确测量猫咪的尿比重。

正常猫咪的尿比重值会大于 1.035。

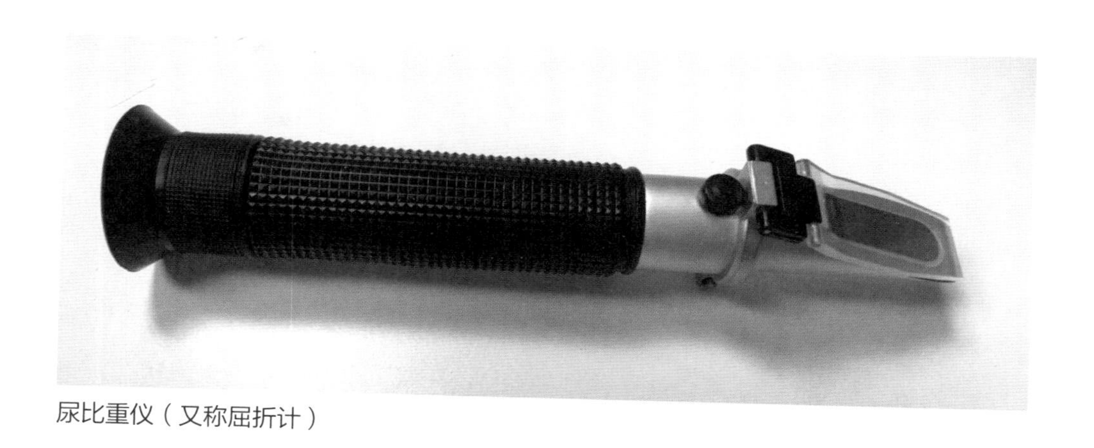

尿比重仪（又称屈折计）

第5章

肾脏损伤的原因

看到这里，很多人应该都迫切地想要知道，到底是什么东西在长期地伤害猫咪的肾脏，导致逐渐演变成慢性肾脏疾病呢？

肾脏从发育完全之后就开始每天面对许多毒素的排泄、外在的环境压力，以及感染、药物、疫苗等的伤害，而这些伤害所导致的肾单位流失是无法复原的。

当我们发现猫咪患上慢性肾脏疾病时，其实这些肾脏功能的流失是一直累积下来的结果。而身体的代偿机制及组织纤维化的恶性循环，则是导致病情持续恶化的主要因素，所以“凶手”到底是谁？说实在的，真的已经找不到“凶手”了，因为“凶手”实在太多了！

因此，本章会分两个部分来讨论肾脏的损伤原因：最初损伤的原因，以及后续恶化的原因。希望能够帮助各位尽可能避开这些状况。即使很多状况都难以避免，看到最后你或许会发现，追根究底，早期发现与实时的医疗介入，才是中止雪球效应、减缓病情恶化的关键！

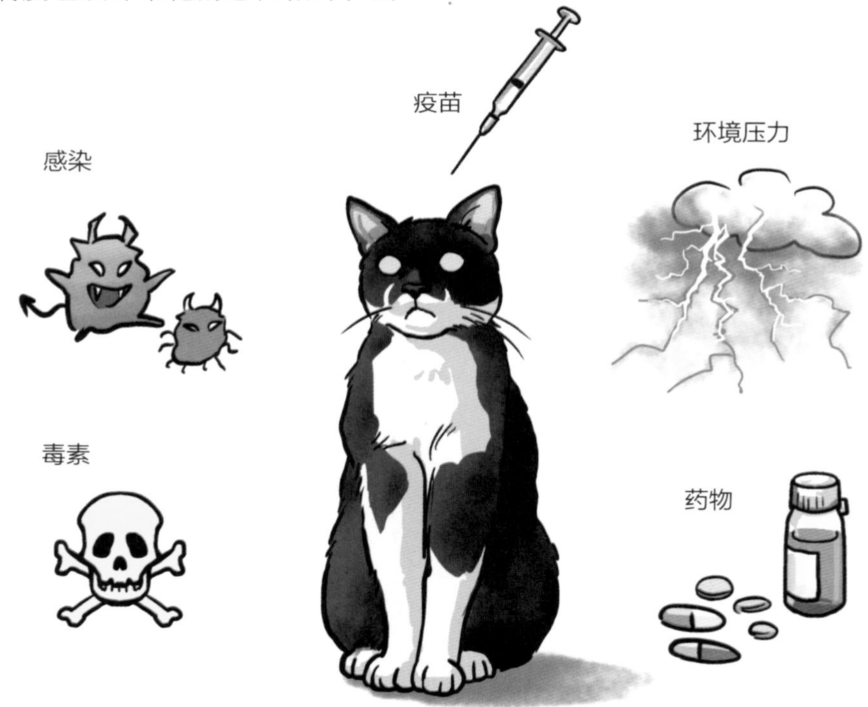

肾脏从发育完全之后就每天面对着各种潜在的伤害，而且所导致的肾单位流失是无法恢复的。总而言之，“‘凶手’实在太多了！”

5.1 最初损伤的原因

5.1.1 高血压

我们已经知道，血液会在肾小球的微血管中进行过滤，然而肾小球的微血管是非常脆弱的，如果从入球小动脉流入的血液压力太大的话，可能会造成微血管破裂。一旦微血管破裂，血液中的物质就会跑到肾小球间质内，导致剧烈发炎，最后造成肾小球纤维化，就无法再产生滤液了。

幸好入球小动脉具有调节作用，当进来的血压过高时，入球小动脉就会收缩，让进入肾小球的血压下降，以保护肾小球的微血管网不被破坏。

入球小动脉会在血压过高时收缩，控制进入肾小球的压力不要太大。

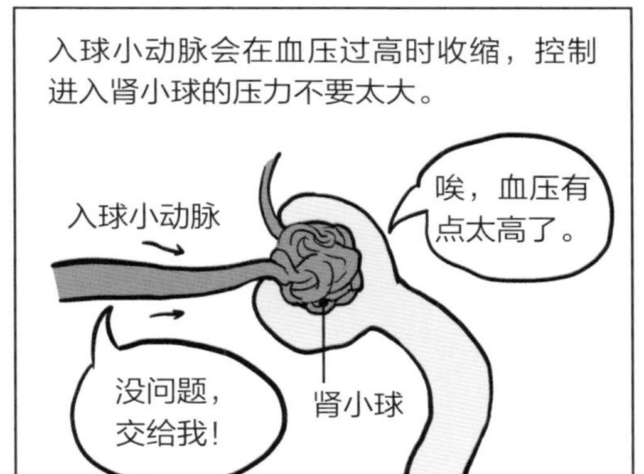

如此一来，进入肾小球的血压就会下降。

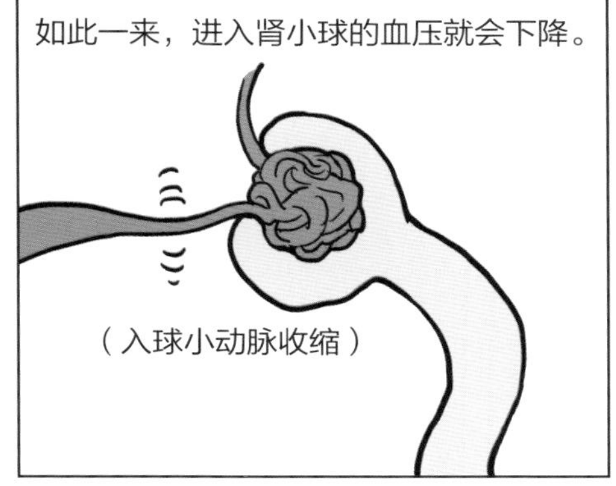

但是如果一直处在高血压状况下，入球小动脉会因为长期收缩及高血压的冲击伤害而硬化，就再也无法控制进入肾小球的高血压了。

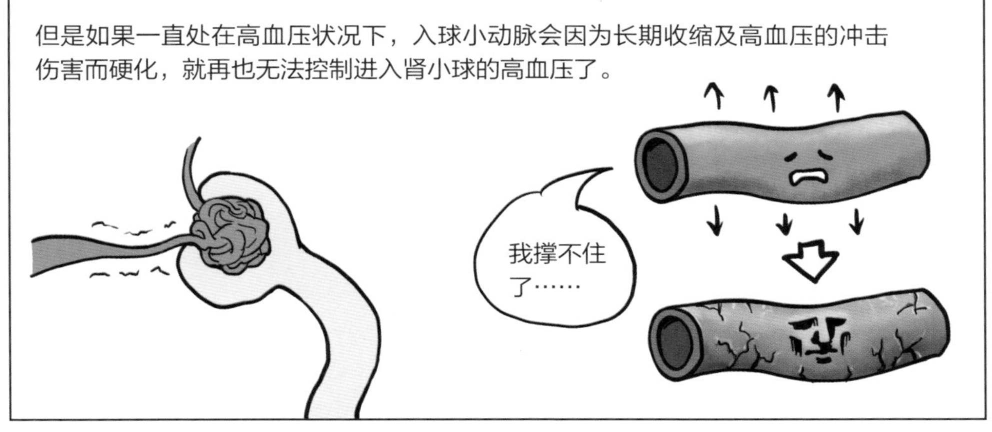

这时候身体里的高血压就会长驱直入肾小球，造成微血管的伤害。

肾小球微血管的破坏

但是，如果长期都处在高血压状况下，入球小动脉会因为长期收缩及高血压的冲击伤害而硬化，也就是失去收缩能力。这个时候，血液压力就会长驱直入肾小球而导致微血管伤害。

肾小球滤膜的破坏

另外，肾小球高血压也会导致滤膜被破坏，使得滤膜孔径变大且失去负电荷。这样一来，就会有大量蛋白质通过滤膜进入滤液中。这样的结果不但会导致身体蛋白质的流失，而且血液中有些蛋白质对于肾小管细胞是有毒性的，例如运铁蛋白及补体蛋白。这些蛋白质可能会在肾小管内形成蛋白质圆柱而阻塞肾小管，可能伤害肾小管细胞及肾脏间质而导致发炎。

这部分内容会在蛋白尿章节再补充说明。

肾小球的高血压也会导致滤膜破坏，让过多的蛋白质流失到滤液中，进入肾小管。

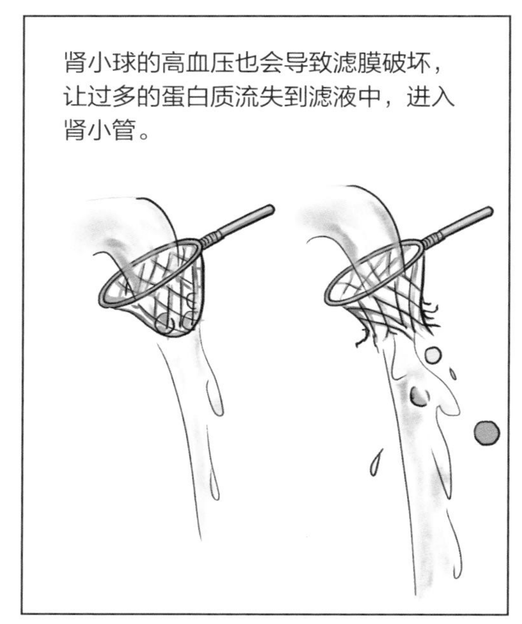

滤膜的破坏不但会造成蛋白质的流失，而且有些蛋白质对于肾小管是有毒性的，会对肾脏造成伤害！

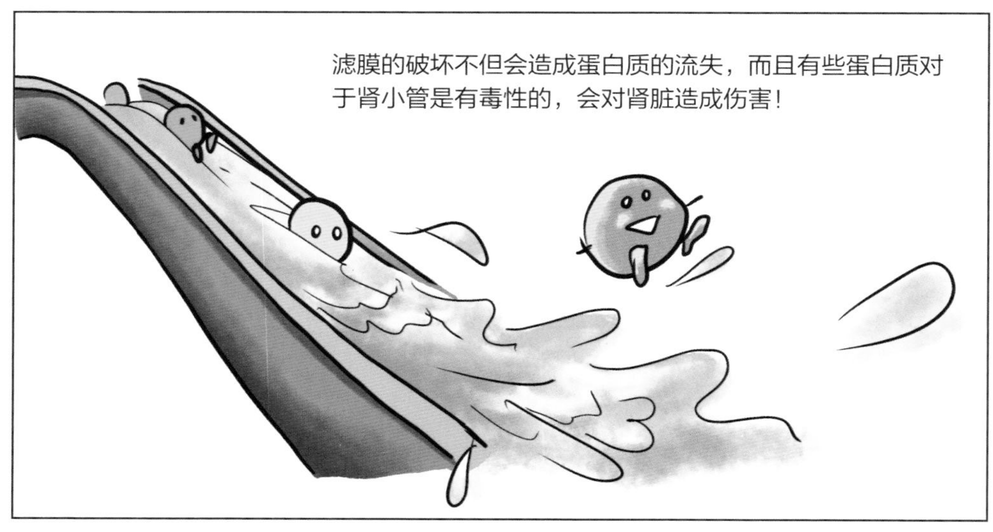

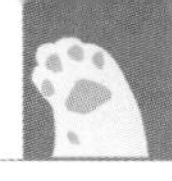

5.1.2 低血压/低血量

前面讲到，高血压可能会破坏肾小球微血管与滤膜，而另一方面，低血压或低血量同样可能对肾脏造成伤害，例如严重脱水时。

肾脏要正常过滤血液有两个条件，一个是血量要够，另一个是压力要够。当身体的血量不足时，就很难维持足够的肾脏血液灌流量及血压，导致肾脏无法执行功能。

猫的血压只要低于 70 mmHg（猫的正常血压范围是 120~130 mmHg），肾小球就无法发挥过滤作用，等同于肾脏功能衰竭，短时间内会有大量尿毒素累积在身体内而导致急性尿毒症状，甚至导致死亡。

另外，当肾脏无法得到足够的血液供应时，肾脏细胞也会因缺氧而坏死。如果无法适时地提升血压或血量，就可能导致全面性的肾脏伤害，最终导致死亡。

低血压/低血量时，肾脏面临着尿毒素无法排泄及肾脏细胞缺氧的双重危机。

5.1.3 感染

泌尿系统本身的感染，如膀胱炎，如果没有得到及时、妥善的治疗，很容易上行影响到肾脏。

不过，10 岁以下的猫很少发生泌尿道的细菌感染，这是因为猫尿液中的高尿素浓度及高尿比重使得细菌无法生存。但已患上慢性肾脏疾病的猫无法充分浓缩尿液，就会排出低尿素浓度及低比重尿，导致细菌感染的概率增加。

另外，已经有研究显示，慢性牙周病是猫慢性肾脏疾病的危险因子，这可能是由于炎症性细胞激素、内毒素血症及对于细菌的免疫反应所造成的。所以继发于牙周病的慢性炎症反应可能在慢性肾脏疾病的形成上扮演着某种角色。因此，猫咪的口腔卫生是需要注意的，最好从猫咪幼时就养成给它刷牙的习惯，并定期给它洗牙。

为什么 10 岁以下的猫比较少发生泌尿道细菌感染？

正常猫尿具有高尿素浓度与高尿比重，使得细菌无法生存，所以很少发生细菌感染。

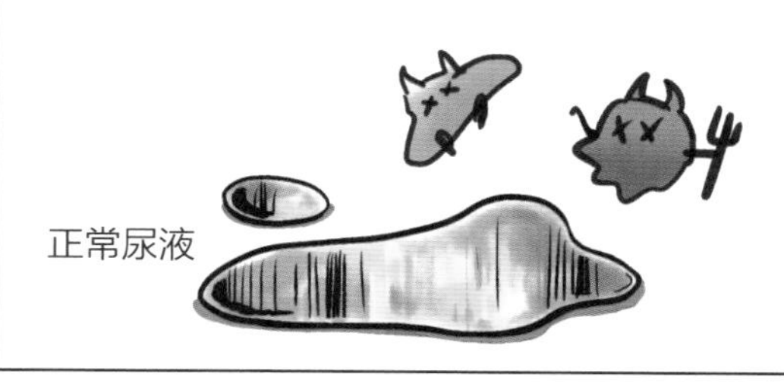

已患上慢性肾脏疾病的猫，尿液无法充分浓缩，导致细菌感染的概率增加。

低比重、低尿素浓度尿

猫牙周病

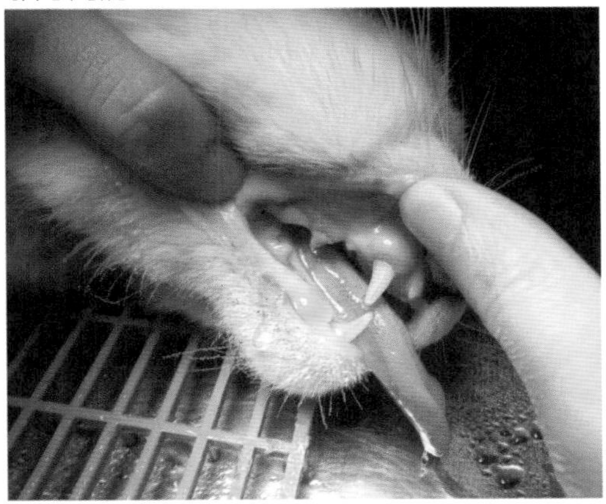

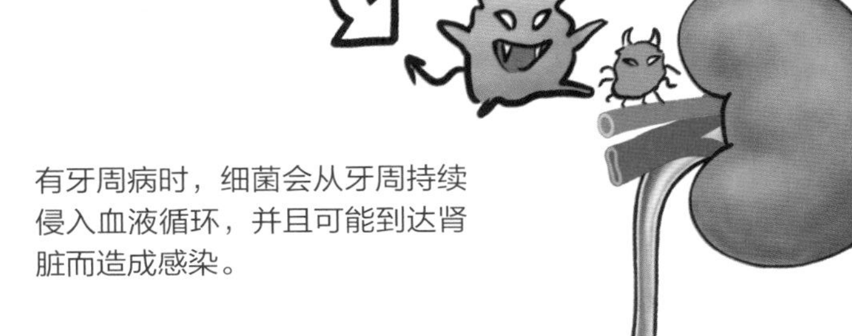

有牙周病时，细菌会从牙周持续侵入血液循环，并且可能到达肾脏而造成感染。

5.1.4　疫苗

猫三合一疫苗（猫疱疹病毒 I 型、卡里西病毒（Calicivirus，杯状病毒）及猫泛白细胞减少症病毒（猫瘟））的病毒培养，是利用猫肾细胞来进行的。

所以，猫肾细胞的蛋白质可能会混入疫苗中，并随着疫苗的注射进入猫的身体内。一旦猫肾细胞的蛋白质进入体内，就可能刺激免疫反应，产生自体抗体，直接伤害肾脏细胞。

虽然疫苗的注射在猫的预防医学上扮演着重要的角色，也的确让很多传染病的发生率下降，但无论如何，疫苗的接种的确可能是猫慢性肾脏疾病的危险因子之一。

这会让我们重新思考疫苗的接种是否需要如此频繁。

5.1.5 肾毒性药物

非甾体抗炎药（NSAIDs）、氨基糖苷类抗生素、两性霉素B（Amphotericin B）、环磷酰胺（Cyclophosphamide）、顺铂（Cisplatin）、环孢素A（Cyclosporine A）及有机碘显影剂等药物都具有肾毒性。

大部分这类药物都是通过肾脏排泄的，在肾小球过滤之后，肾小管会将滤液中大部分的水分重吸收回血管中，所以这些具有肾毒性的药物就会在肾小管内呈现高浓度，意思就是变得更毒，肾小管细胞很难不受伤害。

特别是在脱水的状况下，滤液会浓缩，所以肾毒性药物又变得更浓、更毒。

兽医师通常会尽量避免使用肾毒性药物。如果真是遇到非用不可且不能用其他药物取代的状况，也一定要先确认猫咪的脱水状况已经得到改善，最好在配合静脉输液的状况下给药，并且避免长期给予肾毒性药物。

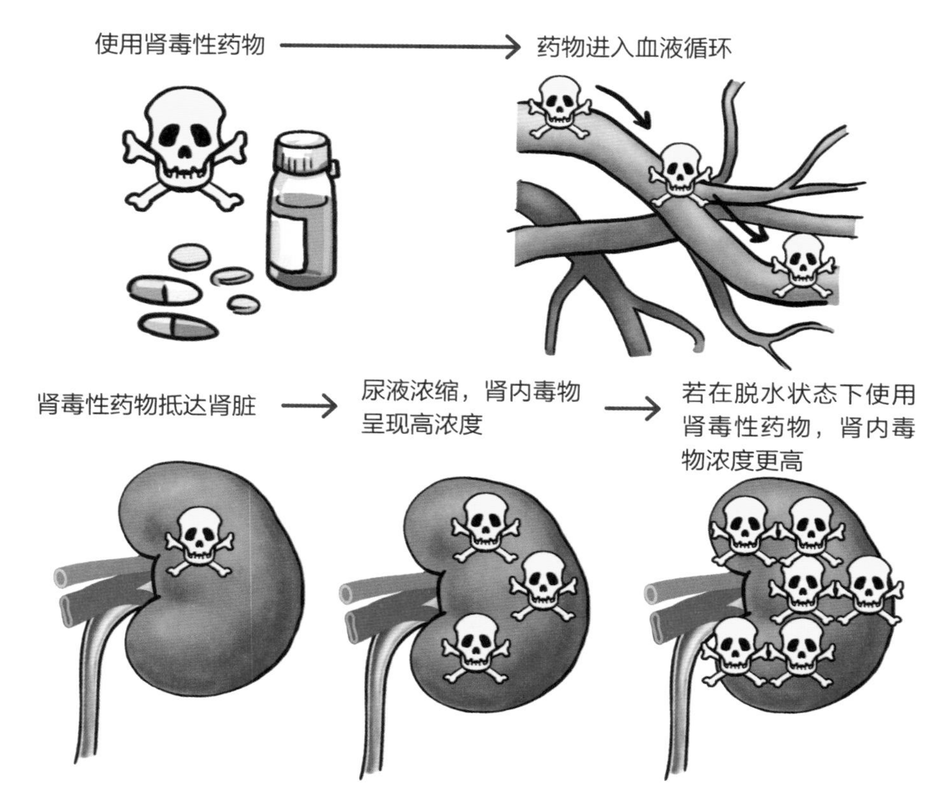

若逼不得已需要使用肾毒性药物，至少先确认猫咪没有脱水，并尽量缩短使用时间。

5.2 后续恶化的原因

5.2.1 蛋白尿

蛋白尿是指蛋白质通过了肾小管而出现在尿液中。蛋白尿不但会导致身体蛋白质的流失，而且血液中有些蛋白质对肾小管细胞是有毒性的，例如运铁蛋白及补体蛋白。这些蛋白质可能会在肾小管内形成蛋白质圆柱而阻塞肾小管，可能伤害肾小管细胞及肾脏间质而引发炎症反应，因此导致肾小管间质性肾炎。这正是大部分猫慢性肾脏疾病的特征性病理变化。

我们在第 1 章讲过，蛋白质本来不应该大量通过滤膜，就算少量通过也应该在肾小管被重吸收回血液中。

蛋白尿是怎么来的?

蛋白尿的产生可能是由于肾小球的感染及发炎，例如自体免疫性疾病、类淀粉沉积症、细菌感染而导致的肾小球体肾炎。

此外还有一个最重要的因素，那就是我们在第 1 章所提到的“员工过劳”问题（第 7~8 页），即肾脏工厂的员工遇缺不补，而剩下的员工就必须增加工作负荷来完成整个工厂的绩效目标。

假设工厂的员工全部健在时，使用 30mL 针筒，每人每天负责过滤 30mL 就足矣。

减损一半的人力时，如果需要达到同样的过滤量，就需要使用 60mL 的针筒，并在同样的时间内过滤完。

假设在肾脏工厂全员健在的状态下，每个人一天只需要过滤 30mL 水分，就选择 30mL 的针筒来进行推压过滤；但如果流失了一半的员工，剩下的人就必须承担其工作量，每天就要过滤 60mL 水分。这时候选择的针筒就是 60mL 的，并且需要更大的推压力量才能在同样的时间内完成 60mL 水分的过滤。

我们已经知道血液在肾脏过滤的要素，一是需要足够的过滤液体，二是需要足够的压力来推动液体通过滤膜来过滤。

针筒代表的是肾小球内的血管大小，30mL 水分代表每天每个肾单位所需要过滤的血液总量，推压的力量代表肾小球内血管的压力。

不知大家有没有这种经验：当针筒推注力量太大、推注速度太快时，可能会造成管线的套接处爆弹开来，这就像脆弱的肾小球微血管在过大的血压下爆开出血了一样。这会导致炎症反应及纤维化，最终导致肾小球硬化（完全失去功能）。

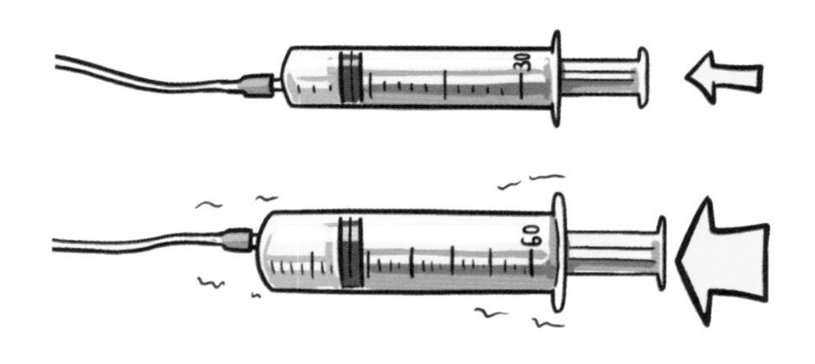

如果要在同样的时间内推完 30mL 的针筒与 60mL 的针筒，推 60mL 的针筒需要用更大的力气，就像残留的肾脏员工会过劳一样。

压力太大时，更可能导致脆弱的肾小球微血管破裂。

滤膜破坏 → 尿蛋白

另一方面，肾小球的过滤膜也会因为强大的水压而被破坏，这是大部分的结果。此时肾小球滤膜损伤、孔径被撑大，还会导致滤膜失去负电荷，所以就会有大量蛋白质通过滤膜进入滤液中，于是产生蛋白尿。

怎么判定显著蛋白尿呢？首先必须确认膀胱、尿道及输尿管没有发炎或疾病存在。这时候兽医师会以膀胱穿刺或压迫膀胱挤尿的方式来采集尿液，并进行完整的尿液分析检查。而要进行显著蛋白尿的判定必须先进行 UPC 值的检验，UPC 值就是尿液中总蛋白浓度与肌酐浓度的比值，若该值大于 0.4，就判定为显著蛋白尿（见第 53 页）。

5.2.2 肾脏的代偿

这是员工过劳所造成的另一个恶果。肾单位就像工厂里遇缺不补的员工一样，随着时间的流逝，员工们会因各种不同的状况离去，目前也没有任何办法可以将缺员补足，剩余的员工只好扛下已走员工的业绩目标，即使过劳也要做下去。

因此，在肾脏功能部分丧失时，剩余的肾单位必须在相同时间内过滤更多血液，所以肾小球内的微血管就会被这些增多的血液和增大的压力撑大，使得整个肾小球肿大，我们称之为超级肾单位。而过滤更多血液的这种现象，我们称之为超过滤。

超级肾单位及超过滤都是为了达到原本的业绩，虽然短时期内工厂的业绩仍能维持，但员工的过劳会造成员工流失得更多、更快，会让工厂倒闭得更快。我们将这些过劳的行为称为代偿作用。

从长远的角度而言，代偿作用对肾脏是不好的，会加速肾脏功能单位的流失而最终导致末期肾病。

肾脏的代偿是如何调控的呢？

当肾脏功能逐渐流失时，肾脏就会分泌肾素，将肝脏分泌的血管紧张素原转化成血管紧张素 I，然后再通过肾脏及肺脏分泌的血管紧张素转换酶（ACE）将其转化成血管紧张素 II。

坏厂长——血管紧张素 II

血管紧张素 II 是一种能让血管收缩从而增加肾小球内血压的激素，就像一位压榨员工的坏厂长，让员工过劳以达成业绩目标（肾小球过滤量）。

对于肾小球体而言，血管紧张素 II 只作用于出球小动脉。当血液一直从入球小动脉流入肾小球时，如果将出球小动脉缩紧，阻止血液流出，此时源源不断而来的血液就会造成肾小球微血管胀大及压力上升，因而使肾小球滤过率升高。

就像前面所提到的水分从 30mL 增加到 60mL（血量增加），将 30mL 针筒换成 60mL 针筒（血管胀大），以及加大推注力道（肾小球内高血压），这就是所谓让员工过劳的代偿作用。虽然能在短时期内提升肾小球滤过率（肾功能），但从长远看来只是在加速肾脏功能单位的流失而已。

另外，前面提到过，产生蛋白尿的原因之一就是推注力道过大导致滤膜孔撑大或破裂，而这也正是血管紧张素 II 所导致的结果。

所以如果能阻断坏厂长——血管紧张素 II 发生作用，就能避免员工过劳（超级肾单位及超过滤），也能减少蛋白尿的形成，减缓肾脏疾病的恶化速度。

不过，血管紧张素 II 虽然是位坏厂长，其实他也是因为对公司非常忠心，才会如此铁血地压迫员工完成业绩。所以我们必须晓以大义，收回他的一些管理权利，方法就是使用一种血管紧张素转换酶抑制剂（ACE 抑制剂）。

ACE 抑制剂

ACE 抑制剂可以减少血管紧张素 II 的形成，因此就可以减缓慢性肾脏疾病的恶化速度。这种药物也用于高血压的治疗，能有效地降低血压。也因此，当低血压或脱水时是不能使用此类药物的。

其实超级肾单位及超过滤只是猫慢性肾脏疾病恶化的因素之一，我们无法确切知道猫肾小球内现在是否存在高血压，只能说如果猫肾小球内存在高血压，就很有可能会导致显著蛋白尿，也就是在尿液中检查出大量的蛋白质。

所以在检验出显著蛋白尿时，大部分兽医师会给予 ACE 抑制剂来减少蛋白尿的形成，而如果还没有显著蛋白尿，ACE 抑制剂的使用就有所争议。不过，大部分学者仍然认为，即使未呈现显著蛋白尿，给予 ACE 抑制剂或血管紧张素受体阻滞剂还是有助于猫慢性肾脏疾病的控制的。（相关药物说明详见第 112~114 页。）

无论如何，在肾脏功能逐步丧失时，我们应该进行种种调整，工厂的领导应该把眼光放长远，下调业绩标准（减缓代偿），虽然工厂获利会减

少，但至少不会倒闭，让员工适度地工作，才能做得更长久，也就能让生命延续得更长。

因为只要还有 25% 以上的肾脏功能单位就可以维持生命，所以，如何减缓这些肾脏功能单位的流失，就是猫慢性肾脏疾病的治疗目标。但切记，没有任何治疗是可以提升肾脏功能的，只能减缓功能的流失而已。

5.2.3 肾脏的缺氧

前面所提及的任何肾脏损伤都会诱发发炎反应且伴随发生纤维化、炎症细胞浸润及微血管变得稀疏，使得肾脏细胞因为缺血而导致缺氧。组织缺氧会增加组织的纤维化，而纤维化又会导致微血管分布更稀疏，又更加重肾小管及间质组织的缺氧，而缺氧又加重纤维化……就这样恶性循环而最终发展到末期肾病。

肾脏的缺氧恶性循环

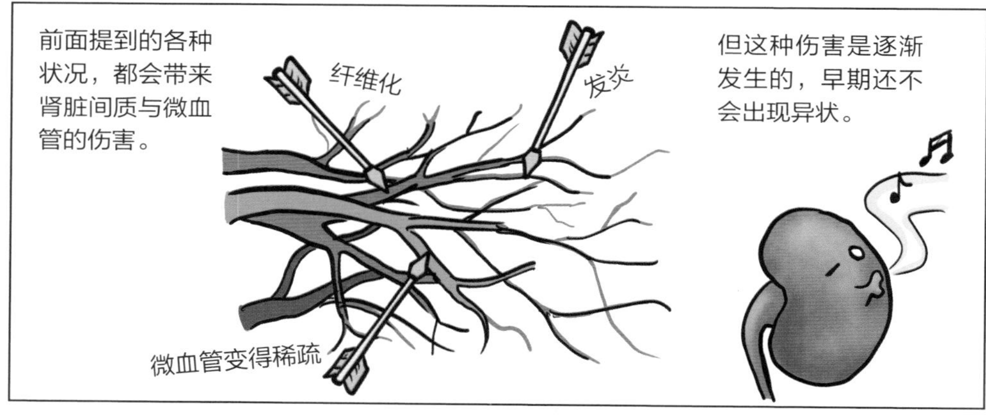

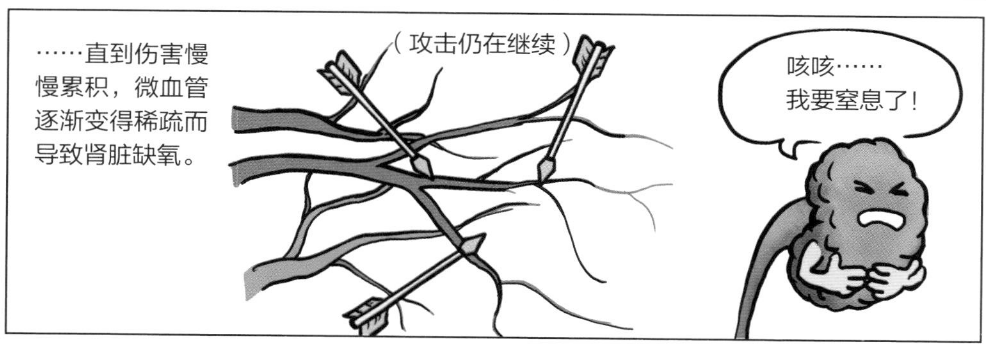

于是进入组织缺氧的恶性循环：
组织缺氧→组织纤维化→微血管分布更稀疏→更加重肾小管及间质组织的缺氧。

第6章

猫慢性肾脏疾病

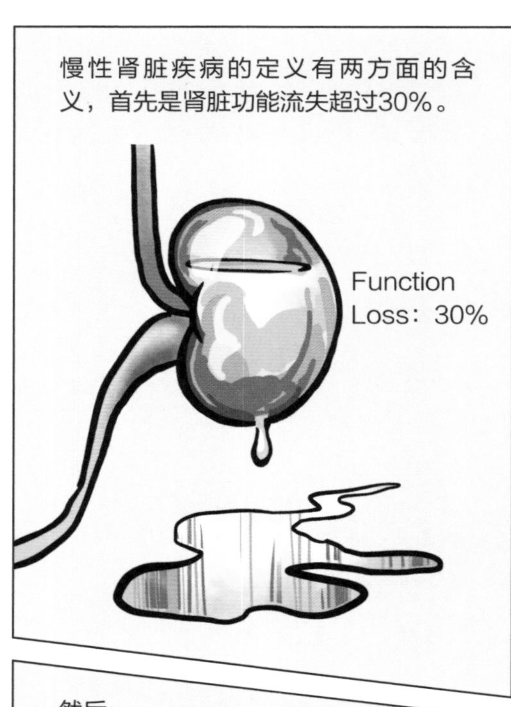

肾脏功能流失超过 30% 以上、病程持续3个月以上，就称为慢性肾脏疾病。这是非常制式的医学名词定义。

然而，“肾功能流失超过 30%”如何才能知道呢？

就目前而言，当 SDMA 值持续高过 14 μg/dL 时，就表示肾脏功能已流失超过 25%，这大概是最接近的初期诊断。

至于“病程持续 3 个月以上”，这就非常难得知了。因为我们知道，导致慢性肾脏疾病的凶手很多，而且在发现肾脏已经被残害超过 30% 以上时，这些凶手早就逃之夭夭了。更何况，慢性肾脏疾病要到第三期才会呈现临床症状（尿毒症状）。意思是说，如果没有定期做健康检查的习惯，通常要等到肾脏已经丧失超过 75% 的功能时，猫家长才会发现猫咪生病了。

如果大家仔细阅读过前面的章节，相信已经对慢性肾脏疾病发生的历程及各种症状有了大致的概念。本章我们先简单回顾一下，然后介绍慢性肾脏疾病的分期与注意事项。

不过，病程实际开始的时间是很难知道的！

6.1 急性肾脏疾病

在此需要先介绍的另一种状况是急性肾脏疾病（医学上一般称为“急性肾脏损伤”或简称为“AKI”）。相对于慢性肾脏疾病的慢慢发生，急性肾脏疾病的特点是来得快、去得快。“去得快”包括两种情况：好得快或死得快。

所以我们常说，急性肾脏疾病杀死的往往是一只体态完美的猫，因为病程太短了，猫咪没有时间变得狼狈，没有时间逐渐消瘦，这就是急性肾脏疾病。

急性肾脏疾病大多是因为急性肾小管坏死所导致，例如猫咪误食百合花或非甾体抗炎药（NSAIDs）。

这些状况会造成肾小管细胞全面性发炎肿胀而导致肾小管阻塞，使得肾小球的滤液根本过不去。所以临床症状是尿量非常少或完全无尿。

这种全面性的尿毒素排泄通路阻塞是非常急性的，如果没有进行适当的治疗，往往在 3~4 天内就会因为急性尿毒症状而死亡。即使生存下来，对于肾脏的不可逆破坏也将持续存在，并逐渐恶化成为慢性肾脏疾病。

猫咪误食百合花等有毒植物与非甾体抗炎药，是常见的急性肾脏损伤原因。

6.2 慢性肾脏疾病的发生

前一章我们已对造成肾脏损害的各种原因进行了详细的说明。

简而言之，肾脏一旦发育完全之后，每天都在负责尿毒素的排泄，而身体每天要面对外在环境及食物中许多的未知可能毒素。因此，肾脏其实每天都处在功能流失的风险中。

一场小感冒可能带来的细菌感染、细菌毒素、药物毒性，都可能会导致肾脏功能单位的流失。换句话说，这可能是生活必须付出的代价吧！所以我们能做的应该是让猫咪在有生之年都可以维持足够的肾脏功能单位，而不必为肾脏疾病导致的尿毒症状所苦。

当你发现猫咪的肾脏功能已不足25% 时（开始出现临床症状），那些所谓的病因早就消失无踪了。因为在这一慢性病程中，多种因素导致了现在的后果，根本不是你所想象的只有唯一的凶手。它一直在被围殴、被霸凌，只是你不知道罢了。

所以，当你发现猫咪已经患上慢性肾脏疾病时，别怪罪兽医师找不到病因，因为病因是多样且复杂的。例如，前一章提到的，近来发现牙周病是猫慢性肾脏疾病的危险因子之一。只是之一哦！不是全部！而疫苗接种过于频繁也是猫慢性肾脏疾病的危险因子之一。

任何一次不当麻醉、疼痛、给药都可能导致肾脏功能单位的流失，所以就别再找“冤大头”来顶罪了，面对现实，好好配合后续治疗及复查才是王道。

既然慢性肾脏疾病的病因早已消失无踪，为什么还会持续恶化呢？前面提到过，肾脏就像工厂一样，有很多员工，而且遇缺不补，所以很多未知病因导致肾脏功能单位的流失，却也无法再补充。所以剩余的肾脏功能单位就必须担负起更多的工作，而这样的过劳状态就是导致慢性肾脏疾病持续恶化的可能因素之一。

另一种说法是猫慢性肾脏疾病是以慢性肾小管间质性肾炎为病理特征的，而这些肾小管间质性病灶会伴随纤维化、炎症细胞浸润，以及微血管变得稀疏。这些因素使得肾脏组织细胞因为缺血而导致缺氧，组织缺氧又会增加组织的纤维化，纤维化又会导致微血管分布更稀疏，从而更加重肾小管及间质组织的缺氧，缺氧又加重纤维化……就这样恶性循环，最终导致末期肾病。

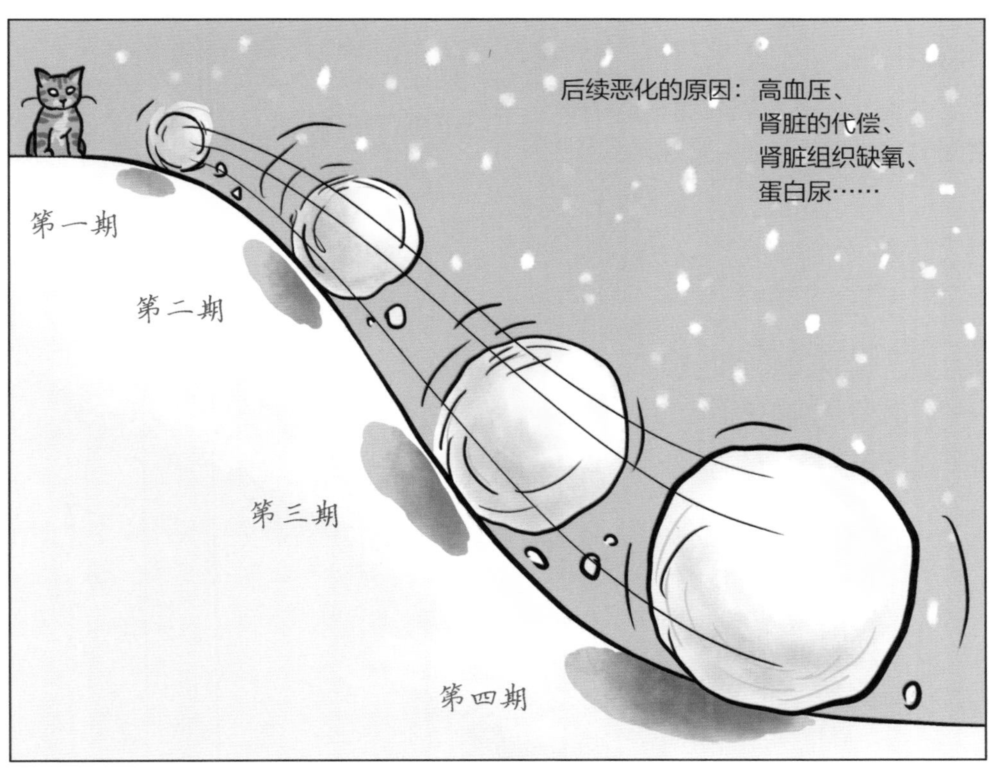

6.3 慢性肾脏疾病分期

慢性肾脏疾病为什么要分期呢？分期当然就是为了比较，为了了解，为了好分类治疗。就像老王卖瓜一样，大家都觉得自己家的小孩最漂亮，但漂亮有标准吗？那可是很主观的判定：我家的小孩很高哦，多高？有一米八五哦。那就是真的高了。我家小孩很聪明哦，多聪明？智商 180 哦，那就是真的聪明了。所以为了让大家了解猫慢性肾脏疾病的严重程度，我们根据血液中的肌酐浓度来对其进行分期。

在血液生化检查中，在基本肾脏指数项目中通常会包括肌酐和血中尿素氮。那为什么慢性肾脏疾病分期的依据是肌酐而不是血中尿素氮呢？因为肌酐完全是从尿液中排泄的，也不太受到肾脏以外的因素所干扰，所以是目前公认最好的肾脏功能指标。血中尿素氮浓度则会受食物中蛋白质含量、胃肠道出血、肠道细菌、脱水、心脏病等因素的干扰，所以只能当第二指标（详见第 38 页）。

根据国际肾脏学会的标准，慢性肾脏疾病可以分为四个阶段，主要就是以血中的肌酐浓度来作为分期标准的。

残存肾脏功能	血中肌酐浓度（mg/dL） SDMA（μg/dL）
70% 第一期	<1.6 <18
33% 第二期	1.6~2.8 18~25
25% 第三期	2.9~5.0 26~38
少于 10% 第四期	>5.0 >38

国际肾脏学会介绍

国际肾脏学会（International Renal Interest Society，IRIS）是世界上最具公信力的小动物肾脏病组织之一，学会中的专家学者都是顶尖的专科兽医师。IRIS 对于慢性肾脏疾病建立了一组实用的分期系统，并针对各分期有相对应的管理与控制计划建议。IRIS 系统目前也是国际小动物肾脏病治疗的黄金标准。

6.3.1 分期说明

第一期 肌酐浓度 < 1.6 mg/dL

奇怪！肌酐浓度小于 1.6 mg/dL 在所有生化检验仪的建议正常值标准下都是属于正常的呀，为什么低于 1.6 mg/dL 就算第一期？！

先别紧张，并不是只要低于 1.6mg/dL 就算第一期的。通常的状况是，如果这只猫咪呈现持续肾脏来源的蛋白尿、多囊肾、肾脏构造异常或尿液浓缩能力不佳，或者在3个月以上的期间内肌酐数值持续上升，例如从 0.8 mg/dL 一路攀升至 1.5 mg/dL，这时候往往会建议进行 IDEXX SDMA 的辅助诊断，如果 IDEXX SDMA 值也过高，就表示肾功能单位流失超过 25%，也接近慢性肾脏疾病的定义了（肾功能单位流失超过 30%）。

第一期的猫咪没有任何异常症状。

第二期 肌酐浓度 1.6~2.8 mg/dL

虽然低值（1.6~2.4 mg/dL）也在很多仪器建议的正常范围内，但还是得依照 IRIS 第一期的判定标准来进行评判。

此时猫咪大多仍然不会呈现明显的临床症状。

第三期 肌酐浓度 2.9~5.0 mg/dL

这个阶段属于中度肾性氮质血症，猫咪可能已经开始呈现全身性临床症状，如体重减轻、食欲减退、活动力减退、慢性呕吐等。

第四期 肌酐浓度 > 5.0 mg/dL

属于严重肾性氮质血症，通常已经呈现全身性临床症状，包括消瘦、厌食、嗜睡、贫血、呕吐等。

6.3.2 次分期说明

你家猫咪处于第几期？

同样处于第三期，为什么我家的猫比较严重呢？

因为即使是同样的分期，病况也会有严重程度的差异。所以我们在每个分期内还会加上高血压及尿蛋白的次分期，意思就是在相同分期内还要再分个高下。

血压越高，级数越高；蛋白尿越明显，级数也越高。级数越高，就是状况越差，意味着可能很快就会往下一期迈进了！

慢性肾脏疾病根据全身性血压的次分期

收缩压（mmHg）	舒张压（mmHg）	次分期：器官伤害
<150	<95	0：极小风险
150~159	95~99	1：低风险
160~179	100~119	2：中度风险
>= 180	>= 120	3：高风险

慢性肾脏疾病根据 UPC 数值的次分期

UPC 数值	次分级
<0.2	无蛋白尿
0.2~0.4	蛋白尿边缘
>0.4	蛋白尿

6.3.3 分期的调整

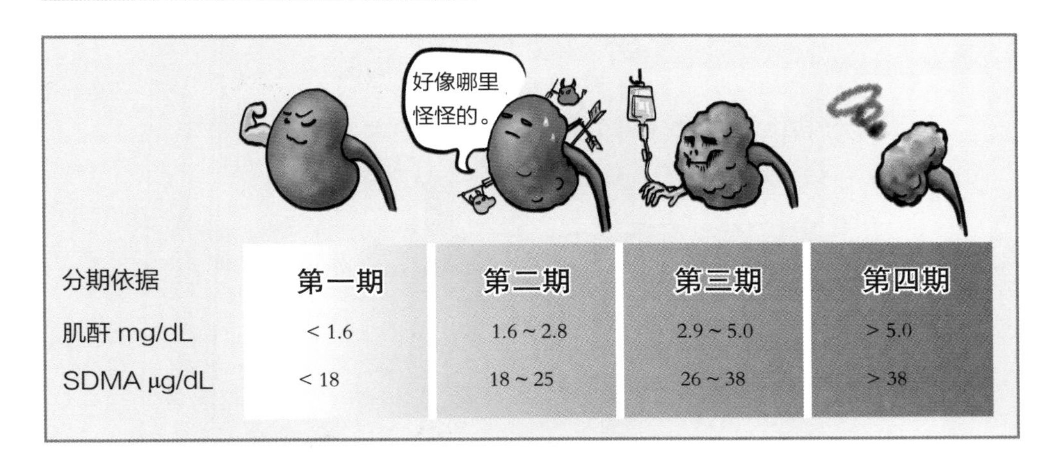

分期依据	第一期	第二期	第三期	第四期
肌酐 mg/dL	< 1.6	1.6～2.8	2.9～5.0	> 5.0
SDMA μg/dL	< 18	18～25	26～38	> 38

前面已经讲过，肌酐来自肌肉组织，而消瘦的猫本来就含有较少的肌肉量，所以血液中的肌酐浓度也会偏低。而最新的肾脏功能指标——对称二甲基精氨酸（SDMA）则不受肾脏以外因素的影响，所以一般会配合 IDEXX SDMA 数值来进行分期的调整。

IRIS 慢性肾脏疾病分期的修正

IRIS 已经认可 SDMA 在肾脏疾病诊断上的意义及重要性，所以 IRIS 根据 SDMA 的检验数值进行下列修正。

1. 当血清或血浆 SDMA 浓度持续高于 14μg/dL时，就表示肾脏功能的减退，即使肌酐浓度仍低于 1.6mg/dL，还是必须考虑列入 IRIS 慢性肾脏疾病第一期。
2. IRIS 第二期的瘦猫，如果 SDMA 值≥ 25μg/dL，可能就表示慢性肾病的分期被低估了，应该修正为 IRIS 慢性肾脏疾病第三期。
3. IRIS 第三期的瘦猫，如果 SDMA 值≥ 45μg/dL，可能就表示慢性肾病的分期被低估了，应该修正为 IRIS 慢性肾脏疾病第四期。

6.4 各分期建议复诊时间

第一期：每6～12个月复诊一次

理学检查、全血计数、血中尿素氮、肌酐、钠离子、钾离子、磷、钙、血液酸碱度、尿液分析检查、UPC、SDMA

每年进行一次全身健康检查，检查内容包括血压、血液生化、全血计数、腹部超声波扫描、X线摄影等

第二期：每3～6个月复诊一次

理学检查、血压（如果已经确诊为高血压）、全血计数、血中尿素氮、肌酐、钠离子、钾离子、磷、钙、血液酸碱度、尿液分析检查、UPC（如果已经确诊为显著蛋白尿）、SDMA

每年进行一次全身健康检查，检查内容包括血压、血液生化、全血计数、腹部超声波扫描、X线摄影等

第三期：每 2～4 个月复诊一次

理学检查、血压（如果已经确诊为高血压）、全血计数、血中尿素氮、肌酐、钠离子、钾离子、磷、钙、血液酸碱度、尿液分析检查、UPC（如果已经确诊为显著蛋白尿）、SDMA

每年进行一次全身健康检查，检查内容包括血压、血液生化、全血计数、腹部超声波扫描、X 线摄影等

第四期：视状况而定

很多第四期的猫咪就诊时已呈现严重尿毒症状，此时大部分的病例需要住院输液治疗，以恢复脱水、矫正离子、平衡酸碱度、进行呕吐控制，直到达到稳定状态后才能出院进行居家照护。但也有很多病例会因为严重尿毒及其他并发症而在住院期间死亡。

住院期间，兽医师会根据猫咪的状况来决定检验项目及检验频率，例如严重低血钾就可能需要一日进行数次血钾监测，所以这部分就交给专业兽医师来决定吧！

当猫咪达到稳定状态后，兽医师会逐渐减少每日输液量，并决定出院后所需要皮下输液的量和频率，以及复诊的频率，必须遵照医嘱准时复诊。

一般会建议出院一周后复诊，项目通常包括理学检查、血压（如果已经确诊为高血压）、全血计数、血中尿素氮、肌酐、钠离子、钾离子、磷、钙、血液酸碱度、尿液分析检查、UPC（如果已经确诊为显著蛋白尿）。

如果所有检验项目都得到良好控制，会逐渐拉长复诊间距至每两周一次，并再度评估所需要的皮下输液量。

所有的努力都是为了让猫咪维持较好的生活质量。然而，猫家长也必须开始接受末期肾病这个事实了，因为猫咪陪伴你的日子恐怕已经是以月为单位来计算了。

当然，的确也有些第四期的猫咪能存活一年以上，所以，只要能维持生活质量及生命尊严，就不应该轻言放弃。

但也记得别过度强求，因为这样的肾脏功能流失是无法恢复的，即使进行腹膜透析及血液透析，也只是徒增痛苦而已，并不建议采用。至于肾脏移植，牵涉到技术问题及道德问题，也不在我个人的建议选项中。

Date :

在高血压的状况下，如果开始用药治疗，最初可能需要每周复诊来追踪血压的控制情形。一旦血压控制良好，依照各分期的复诊建议时间进行血压监测即可。

在诊断为显著蛋白尿时，如果开始给予血管紧张素转换酶抑制剂（ACE 抑制剂）或血管紧张素受体阻滞剂，应在给药后 1~3 个月内进行 UPC 的复验，目标就是让 UPC 值降低一半。另外，给予这类药物通常会造成肌酐浓度轻微上升，增加 20%~30%，若上升过多，就应该降低剂量，所以复诊时也必须进行血液肌酐浓度的检测。

当猫患有慢性肾脏疾病但仍呈现适当食欲时，就不必太担心低血钾的问题，但如果食欲不佳或完全没有食欲，除了尽量提振食欲及支持疗法，应给予钾离子补充剂，并且至少两周内进行复验，以确认血钾浓度，并以此来决定添加的剂量，以及防止高血钾的形成。

当猫慢性肾脏疾病呈现非再生性贫血且血细胞容积（PCV/HCT）低于 20% 时，就必须进行红细胞生成素的皮下注射。建议采用不容易产生抗体的长效红细胞生成素（NESP/Darbepoetin Alfa）。剂量为 1 μg/kg，每周注射一次，并每两周监测一次全血计数，直到血细胞容积达到正常值。

Lab CLIP.

6.5 慢性肾脏疾病各分期存活时间

Boyd 等人在 2008 年发表的病例统计分析报告中指出，第二期慢性肾脏疾病的中后期（血液中肌酐浓度为 2.3~2.8 mg/dL）的平均存活时间为 1151 天，约为 3.15 年；第三期慢性肾脏疾病的平均存活时间为 778 天，约为 2.13 年；第四期慢性肾脏疾病的平均存活时间为 103 天，约 3.43 个月。

然而，相较于其他报告，这篇报告统计出的存活时间是比较乐观的，也就是说，其他几篇报告中的存活时间都比这更短！

看到这里相信你已经泪流满面了，但也别因此怀忧丧志，毕竟这只是统计报告，只要你能付出更多耐心陪伴猫咪治疗，其实存活时间是有机会更长的。

请记得，影响猫慢性肾脏疾病存活时间的因素包括蛋白尿的严重程度、高血磷的严重程度、病程恶化速度，以及贫血的严重程度，只要针对这些会缩短存活时间的因素加以控制治疗，猫咪就会有更长的存活时间，所以定期复诊并确实遵照兽医师的指示治疗是非常重要的。

第7章

猫慢性肾脏疾病的控制

为什么说是慢性肾脏疾病的“控制”而不是“治疗”呢?

因为肾脏的功能单位一旦流失,是无法再恢复或补充的。此时所有的药物或处置,都只是减缓慢性肾脏疾病恶化的速度而已,而肾脏仍然无法避免地需要每日进行尿毒素及外来毒素的排泄,并且遭遇前面所提到的代偿作用(肾脏功能单位过劳)及肾脏的缺氧,这些都是导致肾脏功能单位逐渐流失的因素。

而我们所能努力的,就是针对这些症状进行处理,并且让它不要恶化得太快而已。

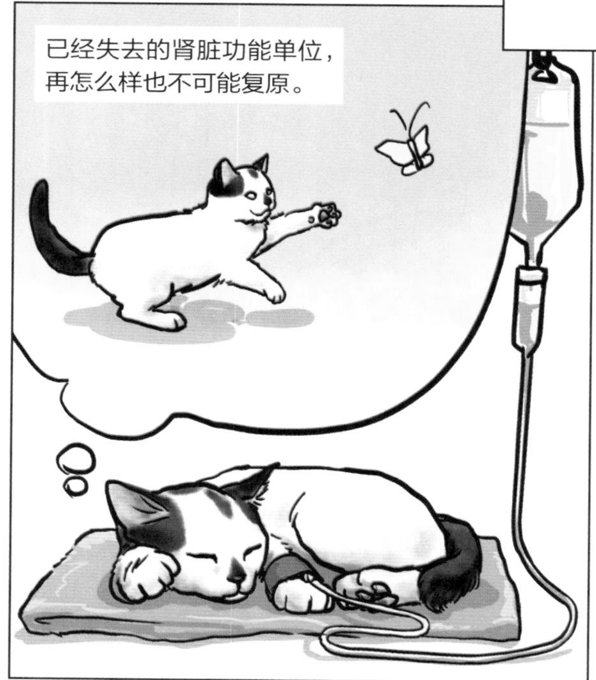

7.1 水分

肾脏负责身体小分子毒素的排泄，也负责回收身体大部分的水分，所以这些毒素会在肾小管内以高浓度形式存在。

一旦因为摄取水分不足或流失过多水分（呕吐或下痢）而导致脱水，身体更需要回收肾小管内的水分，这些毒素就会以更高的浓度出现在肾小管内。

毒素的浓度更高会怎么样呢？可以先试想一下喝酒的情况：一次喝掉一瓶酒精浓度为 5% 的啤酒，或者一次喝掉一瓶酒精浓度为 58% 的高粱酒，下场会有什么不同？一瓶高粱酒下肚的下场很可能就是酒精中毒而死亡吧？

同理，当毒素以高浓度形式存在于肾小管内时，很可能会导致肾小管细胞的毒性伤害，导致肾小管细胞肿胀、剥落或崩解，而这些细胞的碎块就可能阻塞肾小管，使得肾小球滤液无法排放至集合管、无法成为尿液排出体外，结果就可能导致让猫咪完全无尿或尿量很少的急性肾衰竭！

所以，要想避免毒素在肾小管内过度浓缩，以及避免因此导致的肾小管细胞伤害，充足的饮水量及避免脱水对于猫咪是很重要的！

因为猫慢性肾脏疾病的主要表现是肾小管间质性肾炎，所以主要影响的是肾小管的功能，而肾小管又主要负责水分的重吸收，所以当猫发生慢性肾脏疾病时，就无法进行良好的水分重吸收，也就无法充分地浓缩尿液。这样下去，尿量就会增多、尿的颜色变得很淡、尿液没什么味道，也就是所谓的稀释尿。

饮水量补得上水分的流失吗？

早期慢性肾脏疾病（第一、二期）

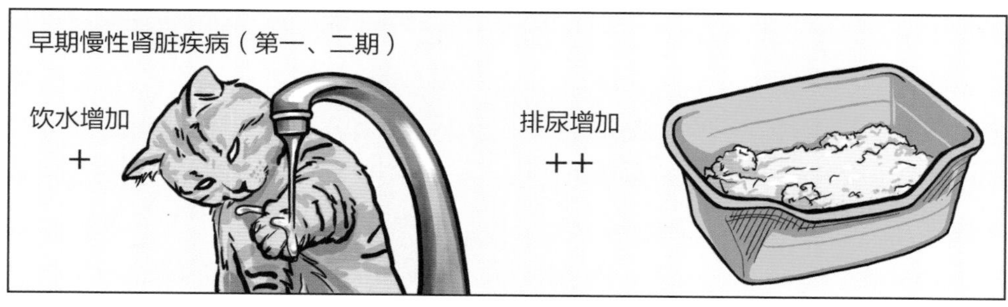

晚期慢性肾脏疾病（第三、四期）

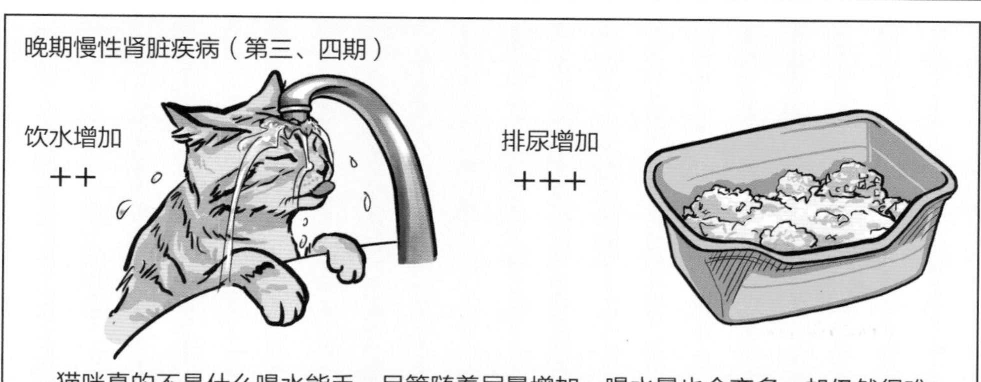

猫咪真的不是什么喝水能手。尽管随着尿量增加，喝水量也会变多，却仍然很难追得上水分流失的速度。通常到肾脏疾病后期还是难逃脱水的状况。

这个时候，猫咪理论上会增加饮水来补充水分，以避免脱水。在慢性肾脏疾病的早期的确是如此，例如慢性肾脏疾病第一期及第二期。

不过，等到第三期时，因为肾小管回收水分的功能更糟了，每天所产生的尿量可能是好几百毫升，而猫本身又不是什么喝水高手，所以再怎么努力喝，也无法补充足够水分。另外，在第三期慢性肾脏疾病时，猫咪已经开始出现尿毒症状，所以很多猫咪会开始食欲减退及慢性呕吐，因此也会更加恶化脱水的状况，更降低了猫咪喝水的欲望，所以很快就会呈现严重脱水。

所以在慢性肾脏疾病初期，猫咪可能会出现稀释尿、尿量增加、尿味及尿颜色变淡的情况，但精神及食欲仍呈现正常，通常不会呈现明显脱水状况，但在到达第三期时，就可能会开始体重减轻、食欲减退、慢性呕吐、精神变差及脱水。

在脱水的状态下，血管内的血液总量会减少，所以会促进血管紧张素 II

的形成。记得吗？我们前面说过，血管紧张素 II 就是慢性肾脏疾病恶化的罪魁祸首之一（见第 66 页），所以脱水对肾脏功能是绝对有害的！

另外，血管内血液总量的减少会降低肾脏的血液灌流，又会使得肾脏实质组织的缺氧更加严重，因而导致纤维化，这又是慢性肾脏疾病恶化的另一个主要因素（见第 68 页），所以脱水的矫正及水分的适当补充是慢性肾脏疾病控制上最重要的一环。

所以我们可以尽量给予猫咪更多的水吗？那当然也是不行的，很多兽医师及猫家长都有相同的错误观念，包括笔者早年也是一样。在美国早年的研究报告中发现，猫慢性肾脏疾病住院病例中有三成死于肺水肿。肺水肿常发生于输液输得太快或太多而超过身体负荷时。这告诉我们，水分的过度补充反而是导致死亡的主要原因之一。

大家想象一下，血中的尿素氮及肌酐这些含氮废物，都是我们评判肾脏功能重要的指标，所以检验数值的下降往往会让兽医师及猫家长雀跃不已。但我们治疗的是猫，而不是数值。数值的改善如果没有配合临床症状的改善，可能只是数值的稀释而已，只是过度输液造成的假象而已。而这样的过度输液会造成心脏超负荷，最后猫咪可能因为心脏衰竭导致肺水肿而猝死。

因此请切记，对猫慢性肾脏疾病而言，补充水分只是为了改善脱水及维持正常血液容量，过度的水分补充只会造成身体的伤害，对肾脏功能一点帮助都没有。而且，在没有主动进食的情况下，猫咪住院时如果呈现体重持续上升，这或许就是肺水肿的丧钟了。

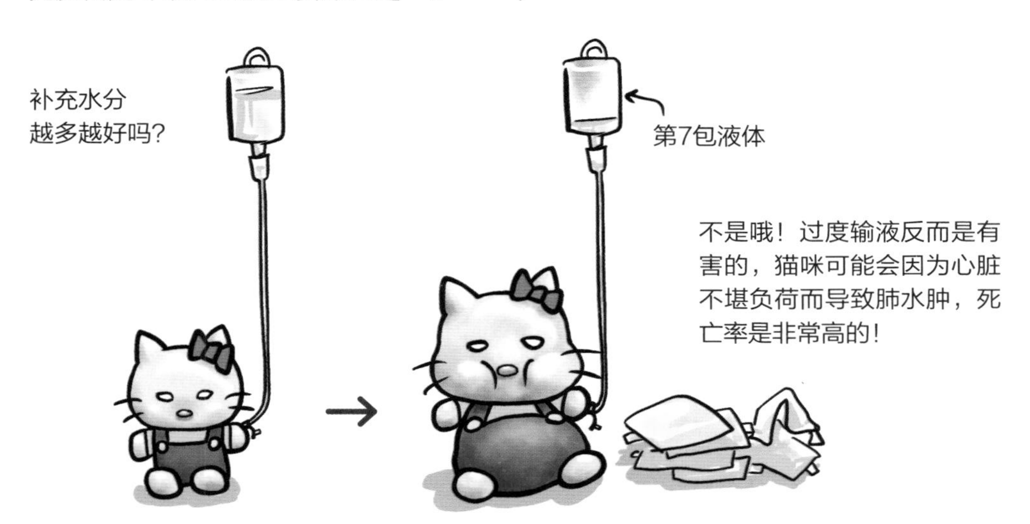

7.1.1 脱水程度判断

脱水虽然有固定的判定标准，但仍是属于相当主观的判定。这边所提供的仅是一个判定的参考，每个人的认定会有些许差异，这也是医疗上所能容许的误差。

临床症状

临床症状是判定猫咪脱水程度相当重要的依据，因为，并非所有脱水的猫都会呈现可供判定的症状。如果猫家长发现的症状包含呕吐、下痢、多尿，表示猫咪处在一个进行性的水分流失状态，也就表示猫咪有脱水的危险，或者已经是脱水状态。此时，如果临床检查无法发现症状，我们会据此病史而判定其处于低于 5% 的脱水状态。这个数值表示体重的百分比，5% 脱水表示每 1kg 体重流失 50mL 水分（如果粗略地将 1kg 的体重当作含 1000mL 水分，1000mL × 5% = 50mL）。

皮肤弹性

皮肤弹性的检查是脱水程度判定上最常用的检查。

检查者会将动物颈背部的皮肤拧起并加以旋转，然后再松手观察皮肤恢复状况，正常状况下皮肤会很迅速地恢复正常位置并呈现原来的平坦状态，而猫咪的颈背部皮肤本来就比较松弛，容易造成脱水的误判，所以不建议操作此部位，而改操作较靠后方一点的皮肤。

肥胖的猫在这样的判定中也容易造成脱水程度被轻判，因为肥胖会把皮肤撑紧，就算是在脱水状态下，皮肤也会很快地弹回。另外，有腹水的犬猫也会因为重力的关系，让皮肤恢复的状况加速，使得轻判脱水程度，最好是采用侧躺的方式来进行这样的检查。衰弱的猫皮肤会丧失弹性，使得判定呈现伪阳性，即使在良好的水合状态下，也会被误判为脱水。

临床上若有水分流失的症状，如持续呕吐、下痢或多尿，但没有临床病征时，会判定为 5% 以下的脱水。

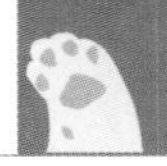

以皮肤弹性判断脱水状态

背上的皮肤拧起来，稍微扭转一下。

正常水合状态的皮肤，应该在放手后马上弹回去恢复原状。

眼窝状况

眼球后方的软组织是富含水分的，当出现脱水状况时，眼球就会往眼窝内凹陷。当然在进行这样的判定时，必须考虑品种的问题，因为嘴部较长的品种本来就会有深陷的眼球（如暹罗猫），而短颚品种（如扁脸波斯）的眼球则会较为外凸。

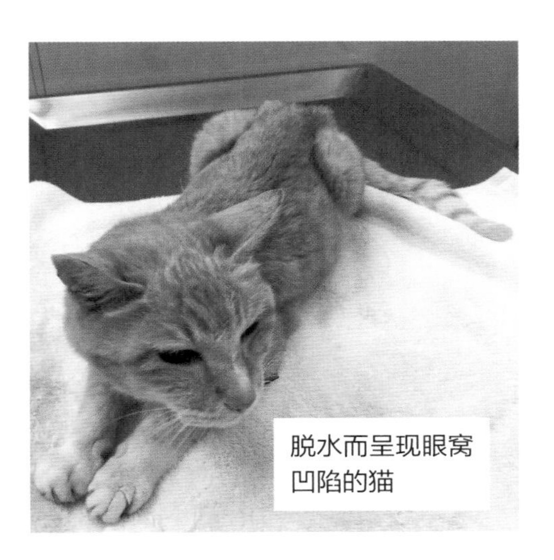

脱水而呈现眼窝凹陷的猫

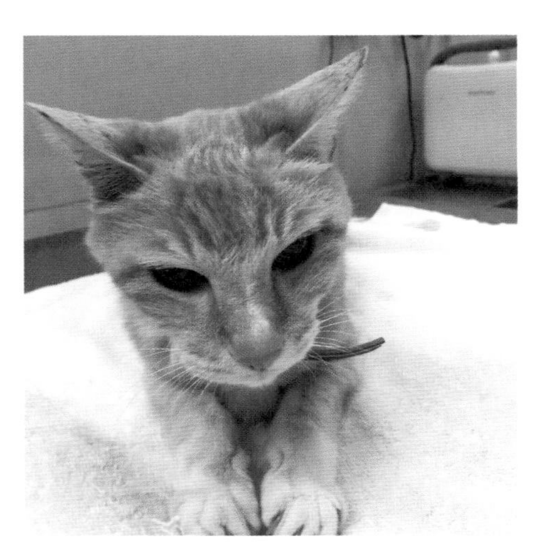

口腔黏膜

口腔黏膜在正常水合状态下会显得湿亮光滑，脱水时唾液就会变得黏稠，黏膜也会显得干燥无光。但是，当猫因为害怕或呼吸系统疾病而喘息时，即使并未脱水，口腔黏膜也会显现干燥及唾液黏稠的状态。

其他观察

当脱水程度达到 12%~15% 时，就会出现低血容量性休克症状，包括：黏膜苍白、脉搏虚弱及心搏过速。

脱水症状的呈现也与病程的快慢有关，若突然流失大量水分，其脱水的症状会较为严重且明显，若是慢性且逐渐流失水分，其脱水的症状就会较不明显，因为身体会逐渐地适应这样的慢性脱水状态。例如急性胃肠炎所导致的 7% 脱水，猫咪可能就会呈现严重沉郁及虚脱，而慢性肾脏疾病逐渐形成的 7% 脱水可能只会出现轻微的沉郁。低于 5% 的脱水并不会显现出可检查出的症状，因此我们前面才会说，在临床上若有水分流失的症状（呕吐、下痢），但无临床病征时，会据此判定为 5% 以下的脱水。而通常脱水超过 7% 时，才会出现较明显的症状。

体重的变化对于急性脱水程度的判定有极大的意义。急性脱水病例于 3~4 天内减轻的体重，通常就代表着所流失的水分。例如，猫在发病前一天的体重为 5kg，连续三天的上吐下泻后，体重减为 4.5kg，我们便可据此估计此猫的水分流失为：

5−4.5=0.5kg，约相当于 500mL 水。

所以水分的流失量为 500mL，脱水程度为 10%（0.5kg/5kg = 0.1，即 10%）。如何确认猫咪脱水前的体重是一大难题，所以这样的判定方式只适用于脱水前一周内有体重记录的猫（以医院测量的体重为准，在家自行测量的体重通常不可信）。

脱水程度判定表

脱水程度	症状
<5% 轻度	无
5%~6% 轻度	皮肤弹性轻微丧失
6%~8% 中度	明确的皮肤弹性丧失，微血管再充血时间稍微延长，眼球稍微陷入眼窝，口腔黏膜稍微干燥
10%~12% 显著	拉起的皮肤无法弹回，微血管再充血时间延长，眼球陷入眼窝，黏膜干燥，可能出现休克症状（黏膜苍白、脉搏虚弱及心搏过速）
12%~15% 休克	低血容量性休克症状（黏膜苍白、脉搏虚弱及心搏过速），死亡

7.1.2 每日需水量

24 小时所需的水量为 A+B+C+D

A 脱水程度（%）× 体重（kg）= 水量（L）
（把每千克体重约当作含有 1L 水来估算）

B 肉眼不可见的流失（呼吸）=20mL/(kg·d)

C 可见的流失（尿量）= 20~40mL/(kg·d) 或每日尿量（如果算得出来）

D 持续性流失（呕吐、下痢的量）

24 小时所需水量 – 猫 24 小时饮水量 = 每 24 小时所需额外补充的水量

7.1.3 水分的补充

根据上面的公式，你或许可以估算出猫咪每天需要补充的水量，但每日尿量、饮水量、呕吐量、下痢量的估算或测量对猫家长来讲可能是一件不可能完成的任务，所以初诊脱水症状明显的猫咪最好每隔 2~3 日到医院进行脱水程度的判断，而脱水症状不明显的猫咪则可以每周到医院评判一次，这样或许会更方便且准确。

根据兽医师对脱水程度的判定，我们可以得知每天、每几天或每周该进行多少皮下输液补充，而且次数越少越好。例如一只猫每周所需的水分补充量为 500 mL，最好选择每周皮下输液两次，每次 250 mL，而不是选择每天皮下输液 70 mL。这样可以减少皮下输液的压力，同时降低输液感染的概率。

皮下输液一般建议采用乳酸化林格氏液（Lactated Ringer's Solution，LR），可在动物医院或药店购买。千万不要选择含糖的点滴液，因为会增加细菌感染的风险。输液的套组也最好每次更换，以避免细菌感染。

尽量不要采用灌水的方式来补充水分，因为猫咪并不喜欢这样的方式，而且能给的水量有限，还很容易造成呕吐。更何况，很多猫咪会因此而开始讨厌水，反而更不愿意主动饮水。

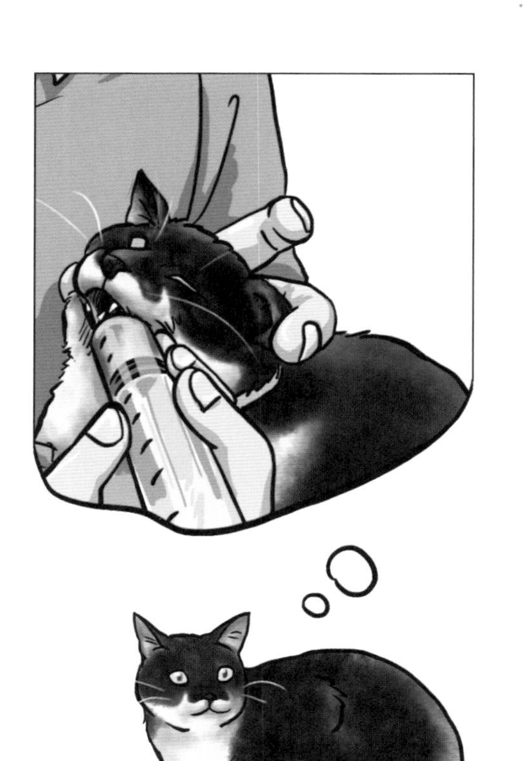

强迫灌水/食，可能反而让猫心生厌恶，更不愿意喝水/进食。

皮下输液 & 静脉输液

猫慢性肾脏疾病到了第三期的中后期时，可能会因为肾小管无法顺利重吸收水分，而开始明显脱水。呕吐症状会让猫咪流失更多水分，且无法饮水，所以这个阶段可能就会需要进行输液，来补充水分及电解质。

最常使用的方式是皮下输液及静脉输液的方式，至于哪种方式适合目前的慢性肾脏疾病状态呢？这部分还是需要兽医师的专业判断。

下面介绍一下这两种输液方式。

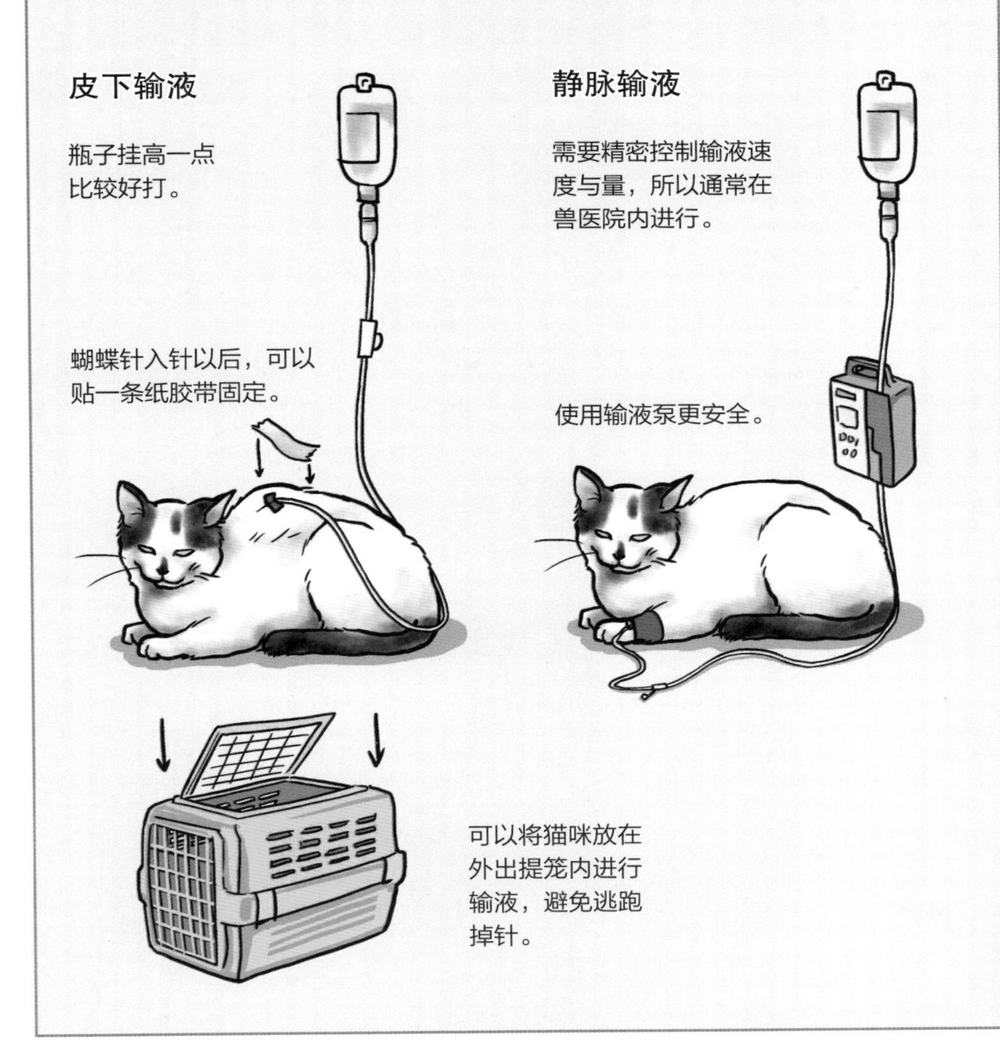

1. 皮下输液：因为猫的皮下组织相当松散，所以可以注入大量的液体而不会造成明显的不舒服。（如果是人类的话……保证会被痛死的！）

皮下输液的好处是可以在短时间内给予大量的液体，例如在 30 分钟内给予 250mL 液体。打入皮下组织的这些液体会缓慢地吸收，有时候可能需要 24 小时才吸收完，甚至可能因为重力的关系而使得液体垂降至胸部及腹侧的皮下组织内。

皮下输液并不太会给猫咪造成明显的不舒服感，但猫咪大多会不耐烦而想逃离。所以在进行皮下输液时，可以将猫咪放在手提笼内，以避免猫咪逃离而掉针。另外，在天气寒冷时，最好能将液体加温至 38~39℃，这样比较不会造成猫咪不舒服。加温方式是将液体先放置于装满温热水但不烫手的水桶内，并加盖避免热度流失太快，温热时间为 20~30 分钟。

皮下输液的选择重点是不要含有糖分，因为糖分较容易导致细菌感染。首选是乳酸化林格氏液，但还是以兽医师的建议为主。

皮下输液的入针位置大多选择在两肩胛之间，因为那里的皮下空间最大，最容易插针，也比较不会引发疼痛。针头可以选择较粗的皮下针或蝴蝶针（23G），这样液体输送会较顺畅且快速。而且每次注射都必须用新的针头。

输液的管路必须遵守一瓶一套的原则，切忌重复使用，否则会导致细菌污染而引发感染。另外，已开封的输液瓶，最好不要超过 48 小时还在使用。可能的话，最好每次注射都用新的液体、新的管路、新的针头。

皮下输液的液体量必须根据兽医师对于脱水的判定来进行补充，切忌自行随意调整液体量，因为过量输液可能造成致命的肺水肿。有些病例可能需要每日进行皮下输液，有些病例则可能只需要每周一次。切记，补充水分只是在矫正脱水状态，并不是打越多越好。

皮下输液的缺点就是吸收速度慢，而且某些离子药物的添加可能会导致注射部位的疼痛，如氯化钾注射液，所以并不适合用于严重脱水、严重代谢性酸中毒、严重离子不平衡、虚弱、持续呕吐的病例。优点是容易操作，猫家长可以在家进行。

2. 静脉输液： 静脉输液有较严格的规范，不适合猫家长在家操作。建议在住院的状态下进行，兽医师会先在猫的静脉内放置静脉留置针，并以输液泵进行输液速度调控，因为过快或过量的静脉输液都可能导致肺水肿而死亡。

静脉输液的好处是可以直接快速地矫正脱水状态、代谢性酸中毒及离子的紊乱。缺点就是必须在住院的状态下缓慢均匀地给予液体，所以静脉输液较适用于急症、重症、持续呕吐、虚弱的病例。

一旦猫咪在静脉输液的状况下症状得到明显改善，就可以考虑回家自行进行皮下输液来补充水分。但切记一点，千万不要急着出院，一定要等到兽医师判定可以出院，而且要请兽医师估算出回家后的皮下输液频率及输液量。如果自以为是地坚持出院，只会让你的猫咪很快再住院的。

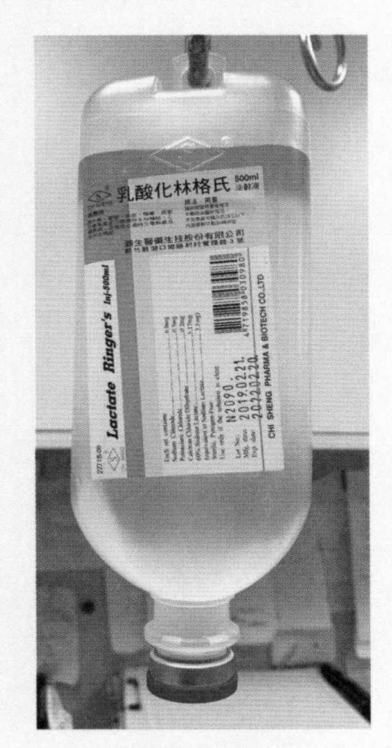

乳酸化林格氏液

慢性肾脏疾病第一期及第二期

此阶段的猫咪通常还不会呈现明显脱水症状，也大部分不需要额外补充水分，但充分的饮水绝对是必需的，所以应努力地增加猫咪的饮水量，或者给予湿性食物，如在罐头中加水以增加猫的饮水量。

因为这个阶段的猫咪还不用严格限制蛋白质的摄取，所以可以选择精制蛋白质来源的优质猫罐头。

下面是促进猫咪喝水的一些小诀窍。

1. 多安排喝水地点

- 在猫咪可及之处多放几个水盆，例如在楼上、阳台、楼下、户外（如有外出）、食盆放置处及固定行经之处附近各放一个水盆。水盆应该远离猫砂盆。此外，也有猫不喝食物旁的水（因为自然界中尸体旁边的水通常容易受到污染），所以也不要太接近食盆。大原则还是要多放，以免猫咪“Out of sight，out of mind”（看不见，想不起）。
- 在多猫家庭，饮水处更应该尽量分散，以免因为路线或者猫个体间的不和而导致部分猫无法接近水源。
- 有些猫不喜欢和其他动物共用水盆。

2. 在食物中加水或在水中加味

- 在食物中加水，不论是湿食还是干粮。从少量的水开始，视猫咪的接受情况逐渐增加水量，以猫咪还愿意吃为原则。（如果加水太多有些猫可能就不想吃了！）慢慢测试。一般来说，罐头、妙鲜包等湿食本身已含 75%~80% 的水分，猫愿意吃的话，是不错的选择。
- 饮水中可以加入一些肉汤、牛奶或鲔鱼罐头的汁液来提味，加冰块到水中也可能增加某些猫的饮水意愿。
- 可以制作加味冰块！加一些水到少量的处方食品中，以平底锅微火炖约 10 分钟，然后用筛子过滤。将滤过的“肉汁”倒入制冰模型中冰冻起来。需要时取一两个肉汁冰块放入水盆中增添风味。
- 水盆中的水要保持新鲜，勤换水。注意，加味或加料的水更容易变质腐败。

3. 提供多样化的水源

- 提供过滤水、蒸馏水或瓶装水。
- 有些猫偏好流动水，可以试试各种类型的宠物自动饮水机。也可以利用生活中的其他流动水源增加猫咪的饮水欲望，例如保持水龙头慢慢滴水，下方放一个碗，让猫咪随时有新鲜的水可以喝。（请确保碗不会塞住排水孔导致淹水！）
- 也可以留一些水在水槽、浴缸或淋浴间底部。
- 使用各种性质、材质的容器。
- 有些猫咪喜欢浅水盆，有些喜欢深水盆。有些猫喜欢宽口碗（喝水时不喜欢胡须被碰到），有些可能喜欢其他形状。

请记得，每只猫都是独立的个体，适合某一只猫的方法，不见得适合其他猫，所以请多方面尝试看看。

1. 多安排喝水地点

在猫咪可及之处多设饮水点，多看到水才会提醒猫咪要喝水。

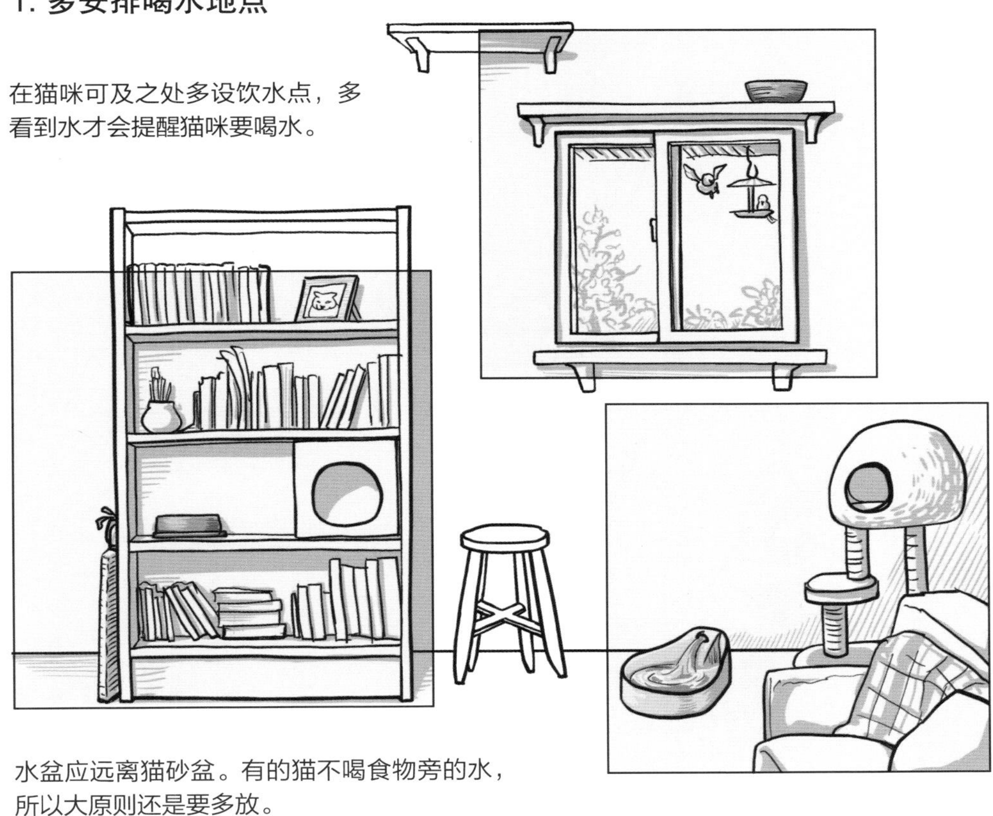

水盆应远离猫砂盆。有的猫不喝食物旁的水，所以大原则还是要多放。

2. 在食物中加水或在水中加味

在湿食或干粮中加水。从加少量水开始，在猫咪还愿意吃的前提下逐渐增加水量。罐头等湿食尤佳，因为已含75%～80%的水。

饮水中可以加入一些肉汤、牛奶或鲔鱼罐头中的汁液提味。

加冰块到水中可能会增加猫的喝水意愿，使用加味冰块效果可能更好。

使水盆中的水保持新鲜，勤换水。加料水更容易腐败哦！

3. 提供多样化的水源

提供过滤水、蒸馏水
或瓶装水。
WATER
有些猫偏好流动水。
可以试试宠物自动饮水器，
或是发挥一点创意。

也可以留一些水在水槽、
浴缸或淋浴间底部。

使用各种形状、材质的容器。
有些猫咪喜欢浅水盆，有些喜欢深水盆。

每只猫都是独立的个体，请多方尝试！

慢性肾脏疾病第三期

在此阶段的猫咪大多已经呈现尿毒的临床症状，包括体重减轻、精神不佳、活动力减弱、食欲减退、呕吐、下痢、多尿、脱水等，如果采用前面的方式仍无法矫正猫咪脱水的状态，就必须考虑进行皮下输液来矫正脱水。

通常在最初就诊时，兽医师会先依据脱水程度，在医院完成静脉输液或皮下输液来矫正脱水。输液后会再次进行体重测量，而此时所测得的体重就是基准值。一周后复诊时再测量体重，如果体重降低 0.2 kg，就表示每周需要 200 mL 的皮下输液补充；如果体重降低 0.4 kg，就表示每周需要 400 mL 的皮下输液补充。

而且就像前面曾提到的一样，每周皮下输液次数越少越好，建议采用乳酸化林格氏液。

慢性肾脏疾病第四期

此阶段的肾脏功能大概只剩下 10% 以下了，猫咪大多已经严重消瘦且没有食欲。而且很遗憾的是，根据笔者的经验，大部分的慢性肾脏疾病猫在就诊时，就已经处于这样的末期阶段了！

这就是前面一再提及的，猫慢性肾脏疾病是这样一种难以早期发现的疾病，而身体的代偿与适应会让猫家长们稍不留心就忽视了猫咪的健康状态，都已经是末期肾脏疾病了，仍然会有“前几天的状况还很好”的错觉。所以要维护猫咪的肾脏健康，除了猫家长们要提高警觉，我们一再强调，定期的健康检查是关键。

严重脱水、代谢性酸中毒、离子混乱、严重呕吐、食欲极差都是必须住院输液治疗才能处理的。而脱水的恢复、离子的矫正、酸碱的平衡都不是一两天可以快速处理的，所以住院治疗的时间通常为 3~5 天。

一旦脱水的状态得到恢复、离子得到矫正、酸碱达到平衡、呕吐症状得到控制，且所有临床症状得到改善，如精神及食欲，才有资格可以出院进行居家照护及皮下输液。如果没办法达到这样的标准呢？只能继续住院治疗或者放弃了。

为什么不进行腹膜透析或血液透析呢？因为猫咪无法像人类一样进行慢性治疗。第一是技术问题，目前血液透析管无法长期置放，而腹膜透析管放置又有麻醉及手术风险；第二是费用问题，虽然腹膜透析管的放置技术已经得到大幅改善，可以留置长达一年时间，但这样的长期透析费用实在令人难以负担，而且透析只是代替肾脏把毒素排出体外，并无法增进或改善肾脏功能，甚至生活质量都无法保证，所以大多只建议使用于有机会得到痊愈的急性肾损伤状况。

那么，为什么已经是末期慢性肾脏疾病了，还要建议住院治疗 3~5 天呢？因为第一天的检验数值通常无法真实判断慢性肾脏疾病的分期和肾脏功能状况。我们之前所提到的肾前性氮质血症就是原因之一，因为严重脱水会使得血中尿素氮及肌酐被浓缩，且肾前性的病因（严重脱水）也会使得肾脏相关数值上升。

所以在脱水状况及其他肾前性病因得到控制之后，才能确认慢性肾脏疾病的实际分期，如果很幸运地能够大幅降低血中尿素氮及肌酐浓度至第三期或第四期的早期，或许猫咪还有机会维持一段长时间有质量的生活。

在水分变少的状态下（脱水），血液中的物质（如尿素氮和肌酐）也被浓缩，所以这时候的肾指数可能是被高估的。

水分矫正之后，才能呈现比较准确的肾指数状况。

7.2 食物

很多猫家长，甚至少数兽医师仍有错误的观念，认为低蛋白、低磷的肾脏处方食品可以“增进肾脏功能”或“治疗慢性肾脏疾病”。有些人甚至认为提前给年纪大的猫咪喂食肾脏处方食品，可以“预防”慢性肾脏疾病的发生。

我们知道，尿毒素很多来自蛋白质的代谢产物，所以减少蛋白质的摄取可以减少身体内形成的尿毒素的量，这样的理论并没有错。但低蛋白的食品对于强化肾脏功能或缓解慢性肾脏疾病是完全没有帮助的，只能减少尿毒素的形成，所以充其量只是改善尿毒的症状。

而之前我们已经讲过，慢性肾脏疾病第一期及第二期的早期还不至于出现尿毒症状，所以在这个阶段给予严格限制蛋白质的处方食品，很可能只会造成猫咪缺乏蛋白质，从而带来一系列影响，如皮毛状态不佳、身体肌肉强度下降、免疫系统功能不良等。另外，猫咪完全是肉食动物，所以对蛋白质的需求更高，太早给予蛋白质含量过低的食物，只会让猫咪的健康状态更糟。

提早吃肾脏处方食品能预防肾脏疾病？

若在慢性肾脏疾病第二期之前严格限制蛋白质，可能因为过早限制了重要的营养素，反而损害猫咪的健康。

到了已经呈现尿毒症状的猫慢性肾脏疾病第三期和第四期时，两害相权取其轻，只能通过降低蛋白质含量来改善尿毒相关症状，并考虑口服氨基酸营养液来避免某些氨基酸缺乏的问题。

磷含量过高与肾脏恶化关系更紧密。因为大部分的蛋白质来源食物（奶、蛋、肉等）都含有丰富的磷，所以降低食物中的蛋白质含量，也意味着同时降低食物内的磷含量。控制食物中的磷含量，主要是为了避免肾脏组织的钙化性伤害。而血磷过高时，通常代表肾脏功能单位剩下不到15%，大部分也是发生于第三期之后。某些状况下，给予低磷的肾脏处方食品可能仍不足以使血磷浓度降低，就必须额外添加肠道磷离子结合剂来将食物中的磷进一步结合掉（见第 109 页）。

很多肾脏处方食品内也会添加 Omega 3 不饱和脂肪酸，它具有抗发炎作用，或许会有助于慢性肾脏疾病的控制。但目前认为只有动物来源（深海鱼）的 Omega 3 不饱和脂肪酸才具有这样的功用。

其实现在主流品牌的肾脏处方饲料，大多已根据最新的 IRIS 分期原则建议每一期分别适用的产品，所以在给予肾脏处方食品之前，一定要先确定你是否用对了期别。

猫慢性肾脏疾病各分期的食物建议

第一期

富含优质蛋白质的湿性食物，尽量让猫咪多喝水。

第二期

富含优质蛋白质的湿性食物或未严格限制蛋白质的肾脏处方食品（较靠近第三期时）。

第三、四期

给予严格限制蛋白质及低磷的肾脏处方食品，尽量将血磷值控制在中低值范围内，可以在食物内添加肠道磷离子结合剂。

第三期之后的慢性肾脏疾病，猫咪常出现尿毒的临床症状，包括对食欲的影响，所以厌食常是大问题。如果已给予食欲促进剂，猫咪仍无法主动摄取足量的营养及热量，可能就要考虑放置喂食管。本章最后会有较详细的说明。

7.3 钾离子补充

在第 4 章讲过，因为猫慢性肾脏疾病常呈现多尿的症状，所以钾离子会随着尿液大量流失，从而容易导致低血钾。

通常只要猫咪仍持续进食（肉类食物中富含钾离子），并不容易形成低血钾。但若猫咪已经开始厌食，低血钾或许就是可以预期的下场。

因为钾离子与肌肉的强度有关，低血钾会让猫咪全身的肌肉无力。而猫咪全身上下最弱的肌肉群就是脖子，所以有些低血钾猫咪会呈现垂头丧气的样子，原因就是脖子肌肉无力让猫咪无法抬头。

因此钾离子的补充在某些慢性肾脏疾病病例中是必要的，但这必须根据血液钾离子浓度来决定。正常血钾浓度为 3.5~5.1 mmol/L，若是通过静脉注射给予氯化钾注射液，最好是将其加入要输的液体中缓慢给予（速度不要超过 0.5 mEq/(kg · hr)）。氯化钾静脉注射的速度如果过快，会引发致命性的心律不齐，所以大多是住院治疗时才采用静脉注射。

慢性肾脏疾病导致钾离子流失，加上猫咪厌食，就容易发生低血钾。

严重的低血钾需要尽快补充钾离子，但不能一次注射得太快，最好从静脉输液中慢速给予。

稳定之后，就可以口服补充。

皮下输液时添加氯化钾注射液也是可行的方式，不像静脉注射那样容易造成致命性心律不齐。但如果氯化钾添加过多（> 40 mEq/ L）可能会造成注射部位的疼痛，所以建议每升乳酸化林格氏液中视状况添加 10~20 mEq 的氯化钾。

最好的补充钾离子的方式是从食物中获取。但如果猫咪厌食，可能就必须采用口服钾液的方式来补充，如钾宝（KPLUS，宠特宝），每毫升中含有 1 mEq 葡萄糖酸钾，建议补充剂量为每次 2 mL，每日 1~3 次。当然，补充的次数必须由血钾浓度偏低的程度来决定，而且必须每周检测血钾浓度来调整剂量。如果后来猫咪开始正常进食，且血钾浓度可以维持正常，或许就不需要再补充钾离子了。

氯化钾的浓度，怎么看?

一克氯化钾中含有 13.4mEq 钾离子，而常用的氯化钾注射液浓度大多为 15%。注射液的药物百分比浓度为每毫升注射液中含有 1 克物质时，就是 100%，所以 15% 的注射液就是每毫升注射液中含有 150mg 物质（1000mg × 15%=150mg），而单位若转化成 mEq 时，就是 150mg/1000mg × 13.4mEq=2mEq，就是每毫升注射液中含有 2mEq 钾离子（2mEq/mL）。

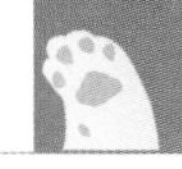

7.4 肠道尿毒素处理剂

我们在第 4 章讲过血中氨的代谢途径，消化残留的氨基酸或多肽会在肠道内被细菌转化成具有毒性的氨，另外，在血液循环中约 25% 的尿素会再扩散进入肠道并被细菌水解成氨。肠道尿毒素处理剂的原理，就是用各种方式移除出现在肠道中的这些尿毒素，期望能因此降低整体血液循环中的尿毒素。常见的有所谓肠道透析（益生菌）和活性炭两种。

肠道尿毒素处理剂的原理

部分尿毒素（理论上约 25%）会从血液扩散至肠道。

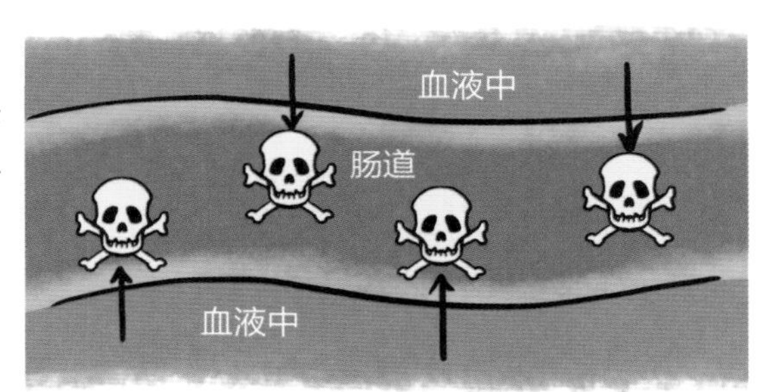

益生菌可以做什么?

- 分解肠道中的尿毒素。
- 进而减少血中尿毒素量。

活性炭可以做什么?

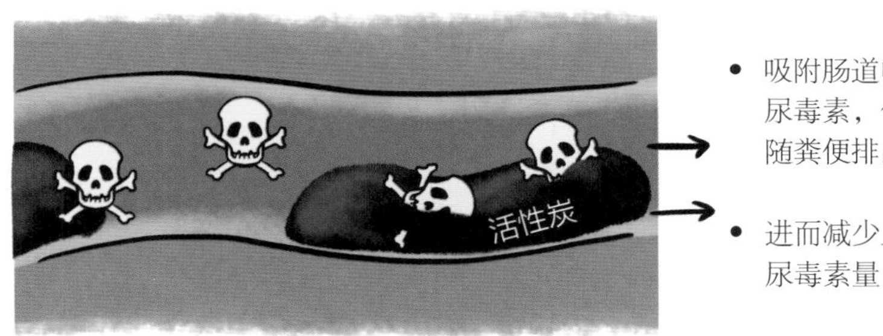

- 吸附肠道中的尿毒素，使其随粪便排出。
- 进而减少血中尿毒素量。

肠道透析胶囊

肠道透析胶囊其实是一种益生菌，把肠道当作一种半透膜，让流经肠道的血液将高浓度的毒素从血浆扩散至肠腔内，而这些益生菌就会将这些毒素分解代谢掉，所以可以一直维持血浆至肠腔内的渗透压梯度，让流经肠道的血液中毒素持续地扩散至肠腔中，或许会有助于毒素的排泄及提升生活质量。

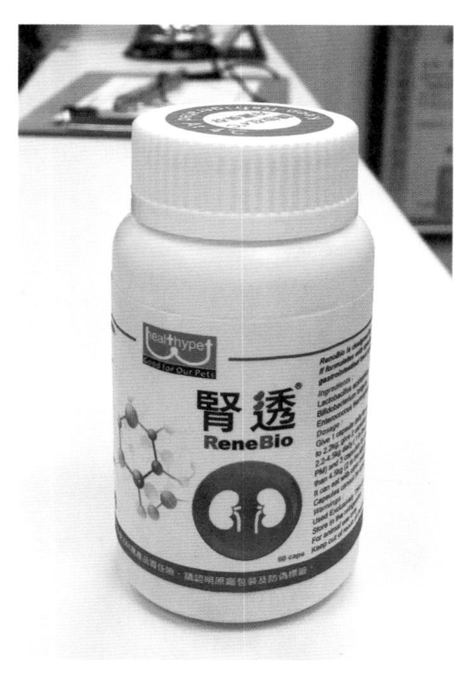

活性炭（Covalzin）

每包 Covalzin 内含 400mg 球状的碳吸收剂，外观为无味的细小黑色颗粒，建议剂量为每天一包，分次混合于食物中给予，且应与其他药物间隔一个小时以上。原理是吸附肠道中的尿毒素，让其随着粪便排出，期望借此减少血液循环中的尿毒素量，被认为可以抑制与肾衰竭相关的症状发展及延长存活时间。但也不要把它想象成灵丹妙药，只是定位成慢性肾脏疾病辅助治疗中的一个小项目即可。

7.5 肠道磷离子结合剂

为了维持患慢性肾脏疾病猫咪的生活品质，将血磷浓度尽量维持在 4.5mg/dL 以下几乎是所有专家的共识。当血磷数值乘以血钙数值大于 60 时（Phos × Ca > 60，单位为 mg/dL），就容易导致软组织异常钙化，如心肌、横纹肌、血管、肾脏等，其中以肾脏最容易受到损害，使肾脏疾病更加恶化。

所以血磷浓度的控制是相当重要的。当然有时候控制食物中磷的含量或许就足够了（例如使用肾脏处方食品），但在一些较严重的慢性肾脏疾病病例中，光使用处方食品无法实现血磷浓度的控制，此时就必须给予肠道磷离子结合剂。

需要注意的是，磷离子结合剂要结合的是食物中的磷（而不是抽出血液循环中的磷），所以一定要和食物混合服用。空腹时单独服用恐怕是不会有效果的。

为什么需要控制磷离子?

在第 4 章中已讲过，在钙、磷数值乘积大于 60 时，会开始有钙化的风险。

容易受到影响的部位有心肌、横纹肌、血管与肾脏。

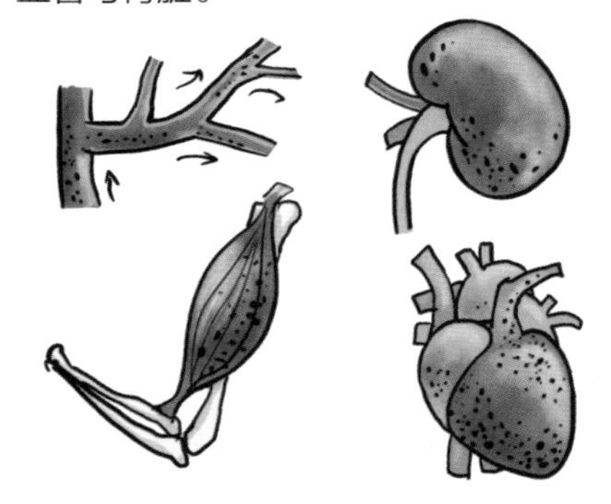

其中又以肾脏最容易钙化。

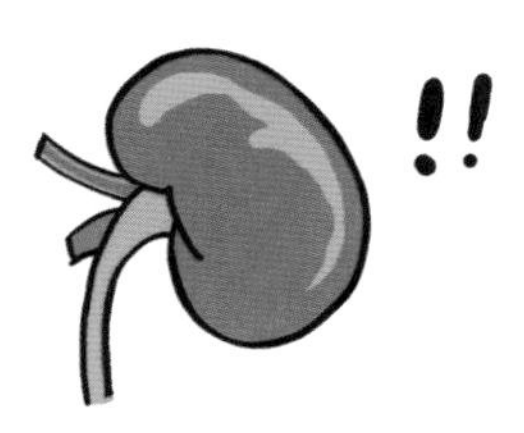

对于已经患上慢性病的肾脏来说，无异于雪上加霜啊!

所以，慢性肾脏疾病的血磷控制是刻不容缓的!

磷离子结合剂为什么要和食物一起吃才有效?

磷离子结合剂的作用是将食物中的磷离子结合掉，
从粪便排出体外，这样就不会被肠道吸收。

所以磷离子结合剂要和食物一起服用才有效果哦。

以下为临床上常用的磷离子结合剂。

氢氧化铝

氢氧化铝就是人类常用的胃乳片，也具有良好的磷离子亲和性，但因为会导致人类铝中毒，而不被建议用作人类的肠道磷离子结合剂。但犬猫并没有相关铝中毒的病例发生过。

虽然氢氧化铝是性价比很高的肠道磷离子结合剂，但因为含相关成分的胃乳片都会添加薄荷口味，这是大部分猫咪所无法忍受的，另外，氢氧化铝也容易导致便秘，所以现阶段很少用于猫的慢性肾脏疾病。

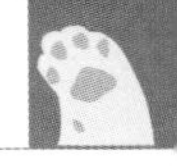

钙盐

钙盐的磷离子结合剂对于磷离子的亲和性较低，所以为了有效地结合食物中的磷离子，就必须给予大剂量的钙盐，剂量甚至大到足以造成人类高血钙。

最常使用的钙盐为碳酸钙及醋酸钙。

碳酸钙的初始剂量为一次 30mg/kg、每日三次，或一次 45mg/kg、每日两次，配合食物给予。碳酸钙在酸性环境下会有最好的磷离子结合能力（pH值约为 5），然而许多猫咪在患慢性肾脏疾病时被给予制酸剂，因此可能降低了碳酸钙的磷离子结合能力。

醋酸钙则较不受环境酸碱度所影响，其磷离子结合能力约为碳酸钙的两倍，所以可以给予较低剂量，也比较不会引发高血钙。剂量为每餐 20~40mg/kg。当给予钙盐磷离子结合剂时，应该定期监测血钙浓度，以避免高血钙的发生。

碳酸镧

碳酸镧是另一种新发展出来的不含铝及钙的肠道磷离子结合剂。碳酸镧口服之后只有非常少量会被肠道吸收，而且几乎能完全被肝脏所排泄，而铝则大部分通过肾脏排泄，所以相较而言镧蓄积于体内的量远比铝少，而且似乎不太具有毒性。

将人类使用的碳酸镧锭剂喂给猫咪，按体表面积转换后的建议剂量为 12.5~25mg/kg·d，因为一般商品化猫食中磷的含量远高于人类每日摄取量，所以通常需要 35~50mg/kg·d 的剂量才能达到足够的磷离子结合量。

Pressler 在 2013 年发表的一项小型研究报告指出，给予猫慢性肾脏疾病 95mg/kg·d 的碳酸镧，可以达到非常适当的血磷控制效果。

保肾新

保肾新是维克公司（Virbac）生产的复方肠道磷离子结合剂。

因为肠道磷离子结合剂要结合的是食物中的磷，最好的方式就是与食物混合给予，也因此其适口性非常重要，而保肾新在这方面的确有其优势。使用方法为每日两次，每 4kg 体重给予 1mL，混于食物内或进食前后喂予。其成分包括碳酸钙、碳酸镁、甲壳素、黄芪多糖、棕榈酰寡肽，分别说明如下。

碳酸钙 + 碳酸镁

碳酸钙结合磷的能力不好，在酸性环境中才有最佳结合能力，所以任何抑制胃酸的药物都会影响其结合磷的能力，而且要达到良好效果，必须高剂量给予，但又怕造成高血钙，所以保肾新内所含的碳酸钙为建议剂量的一半，又配合碳酸镁来增强磷结合能力。

甲壳素

甲壳素是一种尿毒素吸附剂，不是磷离子结合剂，它可以降低胃肠道磷离子的吸收率，也可以降低血中的尿素氮浓度和血浆甲状旁腺激素浓度。

黄芪多糖

缓解肾脏炎症及纤维化。

棕榈酰寡肽

有助于维持血压及肾脏血液灌流。

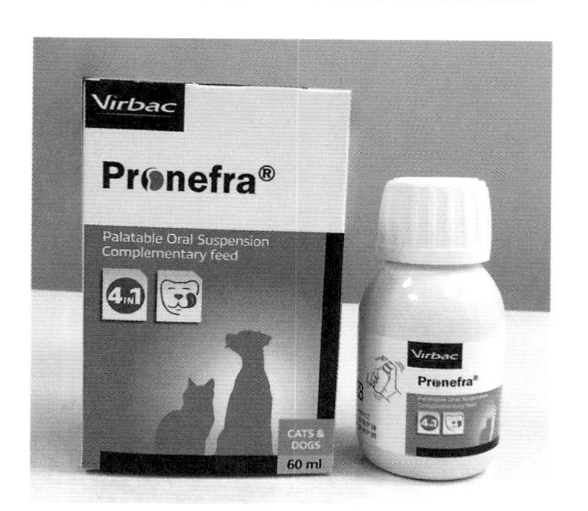

7.6 血管紧张素 II 相关药物

在猫慢性肾脏疾病持续恶化的研究上，发现两项重要因素：血管紧张素 II 所造成的代偿作用（过劳死），以及肾脏实质组织缺氧。

还记得前面章节说的坏厂长——血管紧张素 II 吗？它主要是造成肾小球体的高血压，对肾小球造成伤害，包括肾小球硬化及蛋白尿，而蛋白尿则可能导致蛋白质圆柱阻塞肾小管、蛋白质流失性肾病，以及肾小管间质的炎症反应。

所以适当地阻断血管紧张素 II，似乎已是慢性肾脏疾病控制上必要的一环。

不过，临床上其实只有 1/3~1/2 的猫慢性肾脏疾病会呈现显著蛋白尿，所以血管紧张素 II 相关药物到底是适用于所有猫慢性肾脏疾病，还是仅适用于显著蛋白尿的病例？这一部分还有争议。目前大部分的学者及兽医师还是认为，即使没有显著蛋白尿，血管紧张素 II 相关药物的给予能够减缓慢性肾脏疾病的恶化速度。显著蛋白尿的判定是通过尿液 UPC 检验来进行的，请参阅第 4 章（见第 53 页）。

血管紧张素 II 相关药物包括血管紧张素转换酶抑制剂及血管紧张素受体阻滞剂，作用途径稍有不同，分别说明如下。

血管紧张素转换酶（ACE）抑制剂

血管紧张素转换酶（以下简称 ACE）的作用是将血管紧张素 I 转化成具生物活性的血管紧张素 II，因此 ACE 抑制剂的作用就是阻断血管紧张素 I 转化成具生物活性的血管紧张素 II，所以可以用来降低血压。

不过在临床运用上，ACE 抑制剂降低全身血压的能力并不好，但却可以有效地降低肾小球高血压，所以被认为可以有效地减少蛋白尿的形成。

但也因为可以阻断身体的代偿作用，所以在用药时反而会造成血中尿素氮及肌酐浓度的轻微上升。这一点不必太过恐慌，再重复一次，我们治疗的是猫而不是数据，临床症状的改善才是王道！

因为该药具有降低血压的作用，所以当猫脱水或低血压时不建议使用。另外，如果使用后造成血液中肌酐浓度明显上升，也建议降低药物剂量。在开始使用本类药物进行蛋白尿控制时，必须于一周后监测血中尿素、肌酐浓度，并且每 1~3 个月进行 UPC 复验，目标是让 UPC 值降低一半以上。

常用药物是贝那普利（Benazepril），一次0.25~0.5mg/kg，每日口服 1~2 次。如果合并有全身性高血压，可与猫降血压药物氨氯地平（AmLodipine）安心并用。

血管紧张素受体阻滞剂

该类药物是近几年新开发出来的，与 ACE 抑制剂的作用类似，都是为了降低肾小球内的高血压，但血管紧张素受体阻滞剂更具专一性，直接阻断血管紧张素 II 的高血压作用，所以被认为效果更好。

因为，ACE 抑制剂理论上可以阻断血管紧张素 I 转化成血管紧张素 II，但身体内其实还有其他路径可以形成血管紧张素 II，所以当长期使用 ACE 抑制剂时，其效果往往会越来越差。相较之下，血管紧张素受体阻滞剂的作用途径是更直接的。

猫专用的商品化产品为 Semintra 口服液，每毫升含 4mg 替米沙坦（Telmisartan）（4mg/mL），剂量为 1mg/kg，每日口服一次，也就是每千克口服 0.25mL（0.25mL/kg），可以直接灌药或混于食物中。与猫降血压药物氨氯地平（AmLodipine）并用不会造成低血压，如果患猫也有高血压状况，可以安心并用。近来的研究更发现，单独给予 Semintra 即可有效控制猫咪的高血压。

相较于 ACE 抑制剂，血管紧张素受体阻滞剂的作用更具专一性，直接阻止坏厂长——血管紧张素 II 的影响。

7.7 红细胞生成素

因为身体内的红细胞生成素是由肾脏皮质部制造分泌的，所以慢性肾脏疾病的病例很容易因为红细胞生成素不足而引发贫血。当血细胞比容（PCV/HCT）低于 20% 时，就应该开始注射红细胞生成素。

商品化的红细胞生成素分为短效型（Epoetin Alfa/EPO，Erythropoietin/Eprex）和长效型（Darbepoetin Alfa/NESP/Aranesp）两种。

短效型先给予高剂量 75~100 IU/kg，每周皮下注射三次，当血细胞比容高于 35% 时，改以低剂量 50~75IU/kg，每周皮下注射两次。长效型则一周一次即可，最初剂量为 1μg/kg，皮下注射或肌肉注射。

不过，如果长期注射短效红细胞生成素，容易诱发身体产生红细胞生成素抗体，从而引发更严重的贫血，另外也必须同时补充铁剂。因为这样的潜在副作用，所以现在都建议以长效型红细胞生成素（Darbepoetin）作为替代用药，因为 Darbepoetin 较不具免疫原性（比较不会刺激身体产生抗体），也较少发生可怕的红细胞再生不良副作用，并且其施打频率只需每周一次，所以相对来说花费没有那么高，但可能产生的副作用包括呕吐、高血压、癫痫及发烧。

红细胞生成素（红细胞订单）由肾脏制造，所以患晚期慢性肾脏疾病的猫咪很容易因为这种激素制造不足而贫血。

咳咳，我自顾不暇……

骨髓细胞

哎，身体都已经贫血了，你是不是该赶快下个订单，让我制造一些红细胞？

到底有没有贫血？别忘了先搞清脱水的影响

很多猫咪被发现患上慢性肾脏疾病时往往呈现严重脱水症状，所以血管里面的水分会相对减少，血细胞则相对增加。而在临床医学上常常用来判定是否贫血的血细胞比容（PCV/HCT）就是血细胞体积占血液总体积的百分比，所以当脱水时，血细胞比容的数值会假性升高，一旦将脱水补足，血细胞比容就会再下降而呈现明显贫血。

所以在判读血细胞比容时，应该配合脱水程度来判读，或者在猫咪补充脱水之后再进行全血计数检查，来评估贫血严重程度。

7.8 贝前列素钠（Beraprost）

在对猫慢性肾脏疾病持续恶化病例的研究中发现，除了血管紧张素 II 造成的过度代偿（过劳死），另一项重要因素就是肾脏实质组织缺氧。于是近来的研究多着重于肾脏实质组织缺氧的专题，而贝前列素钠则是目前在猫慢性肾脏疾病上最成功的研究之一。

贝前列素钠是一种前列环素（Prostacyclin，PGI2）相似物，在包括日本、韩国及中国在内的一些亚洲国家中被允许用于治疗肺动脉高压及动脉粥样硬化闭塞症，而在一系列动物模型研究中发现，贝前列素钠具有肾脏保护作用，例如会抑制炎症因子的表现、抑制肾脏微细血管内皮细胞及肾小管细胞的凋亡，以及抑制肾小管间质纤维化。

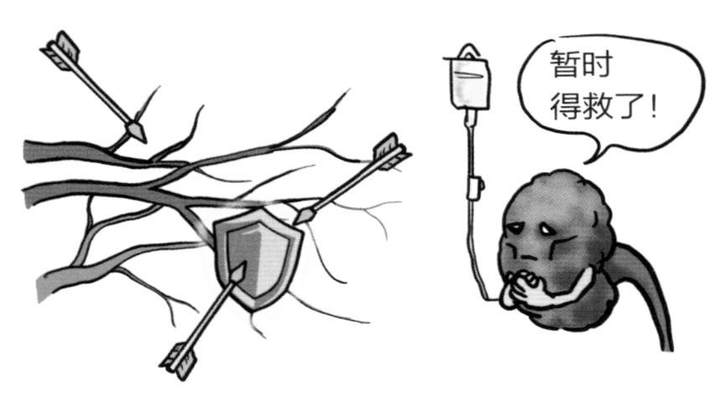

Takenaka 等人在 2018 年发表的报告中指出，贝前列素钠可以抑制猫患慢性肾脏疾病时肾脏功能的恶化，并减缓血液中肌酐浓度的上升、阻碍血磷浓度上升、明显改善食欲、增加体重。

尽管如此，贝前列素钠还是只能“维持”肾脏功能，而不是“改善”肾脏功能。日本已经在 2017 年许可猫慢性肾脏疾病专用药物（Rapros）的上市，Rapros 口服锭含贝前列素钠 55g，建议每日口服两次，治疗对象为体重未满 7kg、IRIS 第 2~3 期的慢性肾脏疾病猫。在笔者的临床使用上，的确有不错的效果。

7.9 对症治疗

医疗上就算查不出病因，对于临床症状也不能置之不理。的确有很多生病状态是找不到病因的，或者说，就算找得出病因，在找到病因之前，兽医师还是必须先治疗，这部分就是所谓的对症治疗及支持治疗。

对症治疗，顾名思义就是针对临床症状的处理，讲难听一点就是“头痛医头，脚痛医脚”——呕吐就止吐、拉肚子就止泻、没食欲就刺激食欲、疼痛就止痛，这就是对症治疗。

在猫的慢性肾脏疾病治疗上，最常见的临床症状就是呕吐及没食欲，所以止吐及刺激食欲的对症治疗也是非常重要的一环，尤其很多药物或营养品需要口服给予，在呕吐的状况下，吃下去的任何东西（包括药及营养品）都会被吐出来，根本也无法产生任何作用，所以呕吐的控制很重要。

猫的尿毒素内包括许多会导致反胃、恶心或呕吐的尿毒素，所以止吐剂的给予可能是必需的对症治疗选项。

另外，人类及犬的慢性肾脏疾病常因为胃黏膜水肿及溃疡而需要给予胃酸抑制剂，来控制这些病灶及协助止吐，但猫的慢性肾脏疾病并不太会造成胃黏膜水肿及溃疡，且猫对胃酸抑制剂的生物可利用性不佳，所以胃酸抑制剂对猫而言似乎不是那么重要。

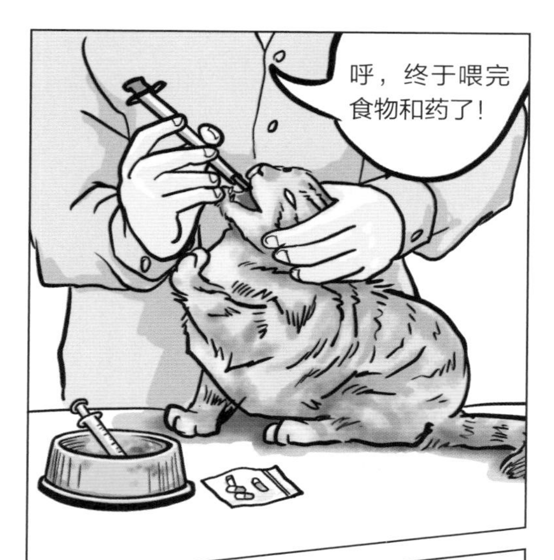

呕吐控制通常是必要的。

止吐剂

目前认为效果最好的止吐剂是动物专用止吐宁马罗皮坦（Maropitant），以 1mg/kg 的剂量每日皮下注射或静脉注射一次。如果呕吐症状不是那么严重或密集时，也可以以口服的方式给药 1~2mg/kg，每日口服一次（止吐宁的口服锭剂作为一种犬晕车药售卖）。止吐宁也可以提供脏器止痛作用；在治疗严重呕吐病例时，或许可以配合一些人类化学治疗时的止吐剂昂丹司琼（Ondansetron，0.1~1mg/kg PO，IV sid~bid）或多拉司琼（Dolasetron，0.6mg/kg IV bid或0.6~1mg/kg PO bid）。严重或密集呕吐时，建议都采用注射方式。

甲氧氯普胺（Metoclopramide）是一种多巴胺（Dopamine）拮抗剂，是以往数十年来最常用的止吐剂，被认为可以阻断化学受体触发区（Chemoreceptor Trigger Zone，CRTZ 或 CTZ）的中枢神经系统多巴胺接受器，而达到止吐效果。但因为猫的化学受体触发区只有非常少的中枢神经系统多巴胺接受器，所以 Metoclopramide 对猫而言或许不是很好的止吐剂选择。

胃酸抑制剂

猫的慢性肾脏疾病很少呈现胃黏膜水肿及溃疡的病灶，大多仅呈现局部多发性钙化病灶，且猫对胃酸抑制剂的生物可利用性不佳，所以在人类及犬临床上常用的胃酸抑制剂对猫而言似乎就不那么重要了。

此类药物包括组织胺 H2 受体阻断剂及氢离子泵抑制剂，前者包括西咪替丁（Cimetidine）、法莫替丁（Famotidine）、雷尼替丁（Ranitidine）。氢离子泵抑制剂是较新的胃酸抑制剂，其胃酸抑制效果也比组织胺 H2 受体阻断剂好，如奥美拉唑（Omeprazole）0.5~1mg/kg，每日口服 1~2 次，而泮托拉唑（Pantoprazole）因为是注射剂型，所以更适合严重的住院病例，其剂量为 0.5~1mg/kg，每日缓慢静脉注射一次，建议以超过 15 分钟的时间缓慢注射。

胃黏膜保护剂

当怀疑猫咪有胃溃疡发生时（猫慢性肾脏疾病很少引发胃溃疡），可以给予硫糖铝（Sucrafate）这类胃黏膜保护剂，它可以附着在溃疡病灶上，以减轻疼痛、反胃及呕吐等症状。剂量为每只猫每次口服0.25~0.5g，每日2~3次，并且需要与其他药物隔开两小时服用，因为可能会干扰其他药物的吸收。其最常见的副作用就是便秘。

食欲促进剂

猫科临床上最常使用的食欲促进剂是米氮平（Mirtazapine），这是一种四环抗忧郁剂，除了可促进食欲，还有止吐（呕吐也是慢性肾脏疾病常见的症状之一）及防止反胃的作用。高剂量给药时可能产生不安嚎叫的副作用。

因为 Mirtazapine 是通过肝脏代谢及肾脏排泄的，所以当猫患有慢性肾脏疾病时，药物的半衰期就会延长，如果每天给药一次，可能会造成药物的累积而产生副作用，若改成间隔 48 小时给药一次，就不会有不安嚎叫的副作用，也可以明显增进慢性肾脏疾病猫咪的活动力、食欲，使其体重增加，并且减少呕吐次数。

建议剂量为 3.75mg/cat（注意：是每只猫每次给药 3.75mg，不是每千克，而一般处方药为每颗 15mg，所以就是每只猫每次吃 1/4 颗），每 48 小时口服一次。如果这样的剂量仍造成不安嚎叫症状，建议将剂量减半。

另一种猫常用的食欲促进剂为赛庚啶（Cyproheptadine），它被认为是 Mirtazapine 的解剂，所以建议二者不要一起服用。

目前已经有动物医院能将 Mirtazapine 制成经皮吸收软膏，可免去喂药的痛苦。

慢性肾脏疾病常见厌食症状，然而不吃的结果是猫咪身体状况更差，此时兽医师可能会考虑使用食欲促进剂。

7.10 支持治疗

猫慢性肾脏疾病是一种进行性且不可逆的疾病，一旦确诊，除了给予必要的对症治疗，还必须给予支持治疗。

所谓支持治疗，是指通过水分、营养的补充来改善猫咪的整体健康状态及维持其器官的正常工作。

当猫慢性肾脏疾病进入第三期时，尿毒素的血中浓度已经足以引发尿毒症状，包括呕吐及对食欲的影响。“猫是铁，饭是钢”，会吃才是王道，不吃的话，体重会减轻，身体的营养会缺乏，甚至会更进一步影响其他功能正常的器官。

对症治疗给予止吐剂及食欲促进剂后，如果猫咪仍无法主动摄取足量的营养及热量，各种喂食管的放置或许就是必需的，如鼻饲管或食道喂食管。鼻饲管的留置时间不建议超过一周，所以仅能短期使用，而食道喂食管在良好的护理下可放置一年以上，对于必须给予多种口服药物及营养品的猫咪而言，也不失为一种好方法。

食物方面，可以在动物医院买到液状的猫咪肾脏流体膳食，通常是1mL 含一大卡热量，而猫咪的基本热量需求为每千克需要 40~60 大卡，所以扣除猫咪主动进食的热量摄取后，得到的热量需求就是我们必须帮猫咪补充的，举例说明如下：

3kg 的猫咪
每日基本热量需求为

3×50=150 大卡（每千克需要 40~60 大卡，我们取中间值 50 大卡）

假设猫咪每天通过主动进食肾脏处方罐头，所摄取的热量为 100 大卡，则每天需补充的热量为：
150−100 = 50 大卡

猫肾脏流体膳食的热量为每 mL 1大卡，所以每日需要补充的 mL 数为：
50×1=50mL 肾脏流体膳食

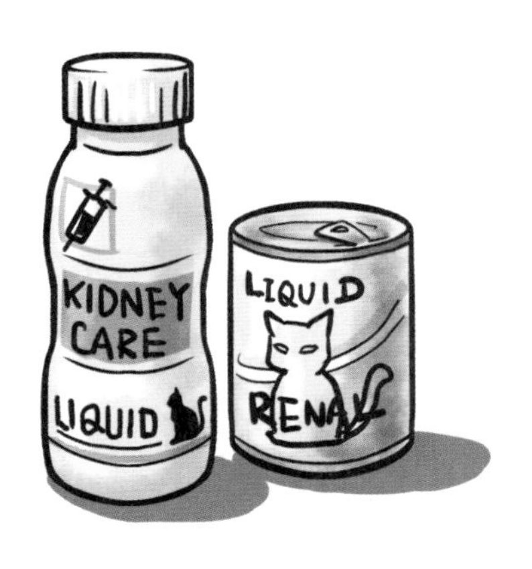

但很多猫家长并不愿意将猫咪麻醉来放置食道喂食管，有些猫咪也的确因为细菌感染的问题而无法长久留置食道喂食管。

因此最烂的方法出现了……就是强迫灌食！强迫灌食可能会导致猫咪不爽（紧迫、压力）甚至患上吸入性肺炎。后者当然较少发生，但不爽是一定的。而且猫咪可能会对食物产生反感，以后就不肯主动进食肾脏流体膳食了，甚至连平日的肾脏处方干饲料或罐头都一起讨厌，那可就麻烦了。相较之下，还不如放置喂食管或依靠食欲促进剂。

站在兽医师的立场，是绝对不赞成强迫灌食及灌水的，但有时候，站在我也是猫家长的立场上，或许这也是最后万不得已的方法了。

除了上述的肾脏流体膳食，给予适当的综合维生素补充应当也是有帮助的。另外，来源于深海鱼的 Omega 3 不饱和脂肪酸的补充也被认为有助于猫慢性肾脏疾病的炎症控制；而必需氨基酸的添加已被认为可以改善猫咪因为食用低蛋白肾脏处方食品所导致的氨基酸缺乏。

林林总总的补充品真的很多，每种都说得很神。比较偏执的人可能会备齐所有东西，但是可能猫咪最后不是因为慢性肾脏疾病而走的，而是被烦死的！

在猫病的研究上最需要注意的是如何避免猫的压力，压力是所有猫病的根源。所以，尽可能选择关键的药物及营养品，以最小压力的方式来给予，这或许才是猫慢性肾脏疾病控制上最重要的一点吧。

例如一只患有第三期慢性肾脏疾病的猫咪，本来会主动吃一般罐头，但你却坚持要把它换成肾脏处方食品，而猫咪也如预期地不肯吃了，在食欲促进剂的帮助下仍然未见改善，你还要坚持吗？请记住，很多猫有着比人类更坚定的钢铁意志，不吃就是不吃。最后，猫咪的体重会逐渐减轻，身体状况越来越差，就算肾脏功能能维持住，猫也会因为其他合并症或合并感染而提早归西的。

最后，如一再提醒的，慢性肾脏疾病的医疗目标并不是“治愈”，而是在猫咪还能拥有良好生活质量的前提下，缓解各种不适症状，并延长和猫咪共度的时光。

猫家长们共勉，加油！

喂药、喂食、喂水大作战

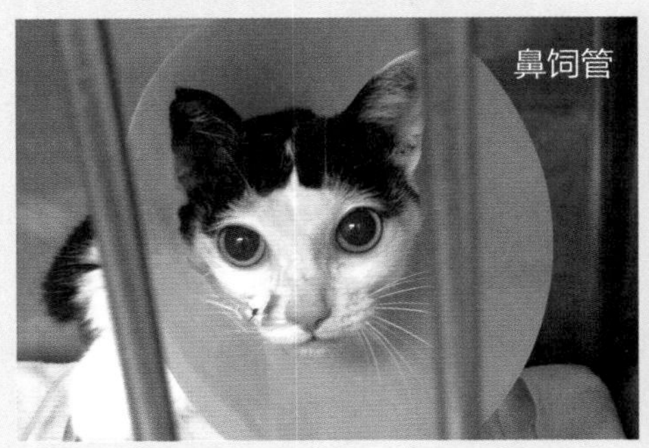

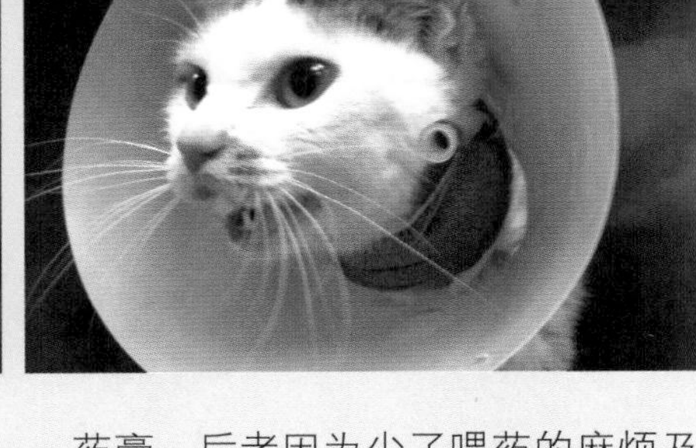

慢性肾脏疾病在进入第三期后，的确可能会导致食欲减退，猫咪甚至完全不进食，在这种状况下，如何让猫咪进食成为居家照护上的一大课题。

1. **强迫喂食**：这种方法是效率最差且压力最大的，大部分猫咪会对食物产生反感，强迫灌水也是如此。就算身体状况得到改善之后，猫咪也不肯主动进食，甚至会讨厌当时灌食的食物，有些猫甚至口渴时也不主动喝水，就望着喂水的针筒发呆。强迫灌食（水）除了效率差，还可能导致吸入性肺炎，“偷鸡不成蚀把米”，所以还是不要尝试的好。

2. **食欲促进剂**：目前临床建议的食欲促进剂为 Mirtazapine，必须经兽医师开处方，也必须小心并用其他药物，切忌自行胡乱投药。目前可用剂型有口服药及经皮吸收药膏，后者因为少了喂药的麻烦及压力，所以是比较好的选择。

3. **鼻饲管**：主要是通过一条很细的喂食管穿入鼻腔到达食道。但因为猫的鼻孔很小，所以很容易导致刺激而引发慢性鼻炎，所以不建议放置超过一周。另外，因为管径很小，所以只能给予特殊的完全液化处方食品，有时候甚至连兽医师配制的口服药水都无法通过，而导致鼻饲管阻塞。

4. **食道喂食管**：主要通过一条较粗的喂食管，经脖子侧面的皮肤切口进入食道。好处是喂食管较粗，可以通过它来给予多种泥状处方食物，甚至可以将肾脏处方干饲料磨粉泡水而给予，一般口服药水也可以轻松给予，对于喂药困难的猫咪特别好用，而且留置时间可达数月之久。但缺点就是必须全身麻醉才能装设。

第 8 章

猫慢性肾脏疾病黑白问

Q1 猫为什么那么容易患慢性肾脏疾病?

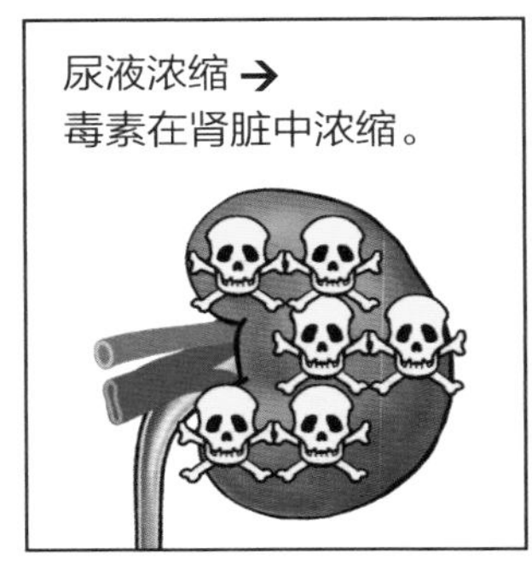

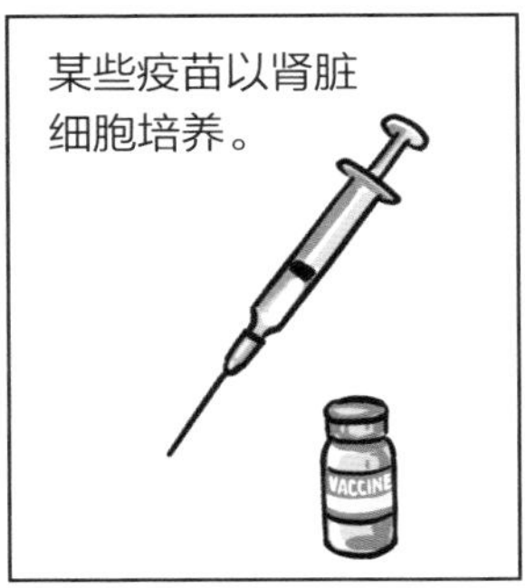

牙周病

这可能因为猫是肉食动物，原本水分的摄取大部分依靠肉类食物的60% 含水量，而在人类的饲养下，因为方便而常食用的干饲料只含有7%~9% 的水分（罐头中则含高达70%~80% 的水分），所以吃干饲料的猫必须额外饮水以补充水分。

但是猫的舌头在喝水上非常笨拙，它们也天性不喜欢水，因此很多猫几乎常态性地处在轻微脱水的状况下，尿液也都呈现非常浓缩的状态，所以尿骚味会特别重。而这样轻微脱水的状态也容易造成肾小球滤液中的毒素在肾小管内以极高浓度存在，可能会造成肾小管细胞的损伤。

另外，猫的疫苗大多以猫肾脏细胞进行病毒培养，所以疫苗内难免会含有猫肾脏细胞抗原，因此，过度频繁的疫苗接种可能会导致猫咪体内产生对抗自身肾脏细胞的抗体，因而导致免疫性的损伤。

牙周病也已经被证实是人类、犬及猫慢性肾脏疾病的危险因子之一。

（本题可详见第 5 章。）

Q2 既然打疫苗是猫慢性肾脏疾病的危险因子，我们可以不让猫打疫苗吗？

应该这样说，过度频繁地施打疫苗才是猫慢性肾脏疾病的危险因子之一。疫苗接种的普及也的确让猫传染病普遍得到良好控制，这在防疫上非常重要，所以我们不能因噎废食地拒绝疫苗，打该打的疫苗，不该打的不要打，并且在合理的间隔时间进行补强接种。

Q3 哪些是猫该打的疫苗？间隔多久施打才合理？

一般兽医诊所的猫咪疫苗建议计划中，包含核心疫苗（建议使用）与非核心疫苗（选择性使用）。核心疫苗是能够帮助猫咪抵抗猫瘟、猫疱疹病毒和猫卡里西病毒的疫苗。非核心疫苗则有猫披衣菌疫苗及猫白血病疫苗。猫披衣菌疫苗适合用于多猫家庭。

幼猫基础免疫计划建议从 8 周龄起给予第一剂，之后每 2~4 周再给予一剂，直到 16 周龄或以上。若选择非核心疫苗，可从 8~9 周龄起给予第一剂，间隔 3~4 周再给予第二剂。所有的疫苗必须于 1 岁时再接种一次，低感染风险的成猫每 3 年重复注射一次减毒核心疫苗即可。高感染风险的成猫应该每年补强猫卡里西病毒和第一型猫疱疹病毒疫苗，并且每年定期寄宿前应再次补强。

Q4 猫白血病疫苗不需要施打吗？那狂犬病疫苗呢？

狂犬病疫苗的施打是有法律规定的，为了地区的整体防疫的建立，猫也必须施打。

建议选用无佐剂的狂犬病疫苗，可以降低发生疫苗注射相关肉瘤（VAS）的概率。当然也有些国家采用长效型狂犬病疫苗，规定 3 年施打一次，这些都必须依照当地法令来进行。

猫白血病疫苗列为非核心疫苗，这类疫苗的使用是基于个别猫的生活方式、暴露感染风险及当地环境白血病的盛行率。但在猫白血病感染流行的地区，任何小于 1 岁龄且有户外生活因子的猫（即使只是与会外出的猫同住也算），都应该施打猫白血病疫苗。施打建议为 8 周龄起给予第一剂，间隔 3~4 周再给予第二剂才算完

什么是疫苗注射相关肉瘤？（Vaccination Associated Sarcoma，VAS*）

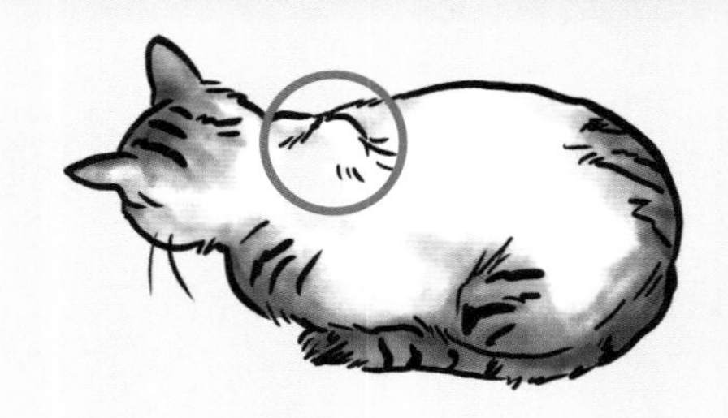

什么是肉瘤？就是恶性肿瘤！

早在 1992 年，就已确认猫咪注射某些疫苗会导致注射位置的恶性肿瘤。后来医学界努力研究，想要揭开其确切原因，但截至目前都尚未明了。有些学者认为是与疫苗的佐剂有关，但许多大型研究却没有发现相关性。不过因为疫苗佐剂皆为各大药厂的机密专利，一般认为他们并没有翔实公布佐剂的确切成分，所以导致研究上的错误，也因此大部分学者还是认为佐剂是导致疫苗注射相关肉瘤的主因。

因此，在猫的疫苗选择上还是建议采用不含佐剂的疫苗，目前台湾已有不含佐剂的猫三合一及狂犬病疫苗上市。疫苗注射相关肉瘤的发生率为 1/1 000 ~ 63/1 000 000，以狂犬病及含白血病病毒的疫苗发生率最高。

* 也有人将此类肿瘤称为“猫注射部位肿瘤（FISS）”，但笔者比较认同 VAS 一词。

成基础免疫。初次免疫结束的一年后应单剂补强，之后有潜在感染风险的猫每 2~3 年补强一次。依照疫苗指南施打频率建议，选择具有两年保护力的猫白血病疫苗对猫咪比较好。

在猫白血病病毒盛行地区，建议采用基因重组的猫白血病疫苗，除了可以减少疫苗注射相关肉瘤的发生，因为基因重组疫苗没有采用猫肾脏细胞来培养病毒，所以理论上对于猫的肾脏组织应该不会导致免疫性伤害。猫白血病疫苗建议于 2 月龄时施打第一剂，3 月龄时施打第二剂，15 月龄时施打第三剂，之后每隔 3 年施打一次。

Q5 有没有什么药物或营养品能提升或恢复肾脏功能？

抱歉，肾脏功能单位流失后是无法再生或修补的，没有任何药物或营养品可以提供这方面的帮助。目前所有的慢性肾脏疾病用药，目的都是减缓慢性肾脏疾病的恶化、延长存活时间、提升生活质量及改善临床症状，但是无法阻止慢性肾脏疾病的恶化，也无法让肾脏疾病痊愈。

Q6 既然多喝水对猫泌尿系统的健康很重要，那我们可不可以每日强迫灌水？

猫摄取水分最好是通过食物或自发性饮水的方式，因为很多猫会在强迫灌水时变得紧张，并且会让猫更讨厌水，使得原本还会主动饮水的猫变得滴水不沾，而你会老、会累、会忙，刚开始时灌水的热情会逐渐磨灭，到最后反而让猫摄取的水分更少了。而且，养猫养得那么辛苦是何必呢？（请参阅第 96 页“促进猫咪喝水的小诀窍”。）

Q7 猫咪一天到底需要喝多少水?

理论上猫咪每天的基本需水量约为 40mL/kg，意思是 4kg 的猫每日基本需水量为 160mL，但有哪一只 4kg 的猫真的会每天喝到 160mL 的水？答案是不太可能，如果这只猫每天主动喝 160mL 水的话，你反而要担心它是否已经罹患某些疾病，如糖尿病、甲状腺功能亢进、猫肾上腺皮质部功能亢进，或者这只猫已经患上慢性肾脏疾病了。

前面已经说了，猫讨厌水，猫的舌头的喝水功能又笨拙，所以主要靠食物来获得水分。此时如果喂食的是干饲料，猫咪通过食物摄取的水分就会不足，那么它们还是会主动饮水来补充，但量有限，因此肾小管会尽量将水分重吸收回血管内，集合管也会在抗利尿激素作用下重吸收更多水分，使得尿液更加浓缩来减少水分的流失。

如果食物主要为罐头、鲜食等湿粮，猫咪就可通过食物摄取较为足够的水分。虽然相对地，主动饮水量会较少，但整体而言还是摄取了比吃干饲料状况下更多的水分。

Q8 如何保养猫咪的肾脏?

除了足够的水分摄取及适当的疫苗注射，口腔和牙齿的保健也是重要的一环，因为牙周病也是猫慢性肾脏疾病的危险因子之一。

所以除了定期以猫专用牙膏刷牙，也必须定期麻醉洗牙，一般建议一年一次，但如果平日保养得当，两年一次也是可以接受的。

避免肾毒性药物的使用也是保养肾脏的重要工作之一，人类的很多复方用药，如综合感冒药，内含非甾体抗炎药（NSAIDs），以起到退烧、止痛及消炎的作用，这对于猫可是肾毒性的药物，包括很多酸痛膏药及喷剂也是，千万不可擅自用在猫身上，任何用药都必须由兽医师开具处方才能使用于猫。

口腔健康，也是保养肾脏的重要一环

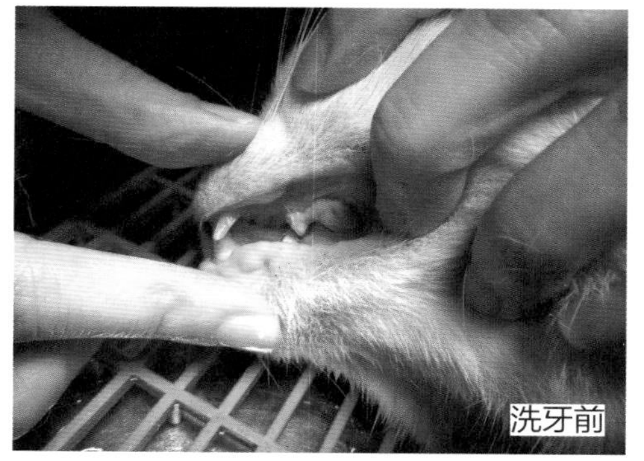
洗牙前

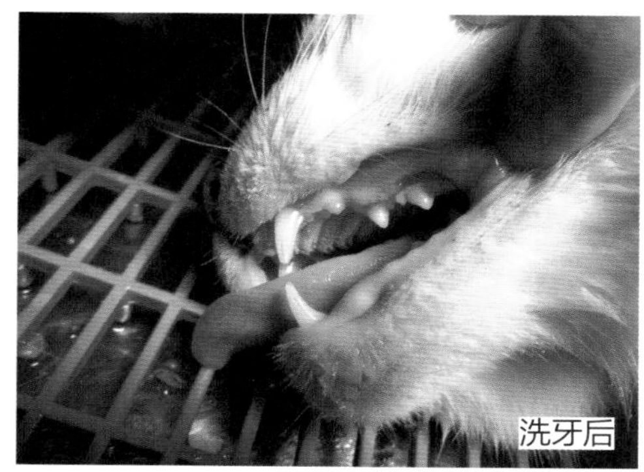
洗牙后

猫咪刷牙小贴士

1. 最好让猫咪从幼猫时就习惯刷牙的动作，成猫时才不会排斥。

2. 对于还没有建立刷牙习惯的猫咪，请循序渐进，可以分好几次来完成。不要勉强，以免导致猫咪更讨厌刷牙。

3. 刷完后可以给予奖励，例如陪玩逗猫棒或给予它喜欢的玩具。

4. 最好能使用刷头小、柄细长的猫专用或幼儿用牙刷，才能连大臼齿等比较深入的部位都刷到。但一样要循序渐进。

5. 对于无论如何也无法刷牙的猫，可以参考各种牙齿保养品，有液体的、牙膏状的，以及洁牙饲料或饼干，视猫的情况进行选择。

6. 当牙齿上已堆积了黄黄的牙结石时，一般的刷牙方式已无法将牙结石清理干净了，只有到兽医院麻醉洗牙了。

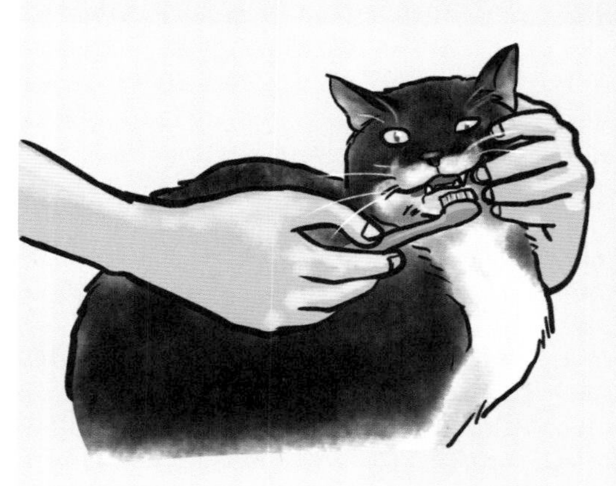

Q9　听说高蛋白食物会伤肾，所以我们应该给猫咪喂食低蛋白食物来保养肾脏吗？

在对犬猫的研究中发现，高蛋白食物并不会造成肾脏功能的损伤，低蛋白食物也已证实对于肾脏功能没有帮助。

但请切记，猫是完全的肉食动物，所以对于蛋白质的需求是非常高的，远高过人类及犬，因此甚至建议食物中蛋白质含量应高达 40% 以上。蛋白质是猫身体架构上最重要的一环，在维持身体健康及免疫功能上扮演着重要的角色，如果给予低蛋白食物可能造成蛋白质缺乏及一些必需氨基酸的不足，反而使得身体健康状况不佳，对病原的抵抗力更差。

以往有很多错误观念，认为给予低蛋白的肾脏处方食品可以恢复肾脏功能，甚至预防慢性肾脏疾病，所以在多猫饲养的环境下，常常是一只猫得慢性肾脏疾病，全家的猫都被迫一起吃低蛋白的肾脏处方食品，这不仅对于发育中的幼猫及年轻猫有害，对于其他身体健康的猫更是池鱼之殃。

很多肾脏处方食品也都顺应时势地调高了蛋白质含量，特别是慢性肾脏疾病第二、三期的肾脏处方食品。因为在慢性肾脏疾病的早期及中期，更应该摄取足够的蛋白质来维持身体的健康状态，保持免疫能力，在进入末期慢性肾脏疾病时才有足够的本钱对抗尿毒素的侵袭。

Q10 既然低蛋白肾脏处方食品对于肾脏功能没有帮助，为什么还是建议给予？

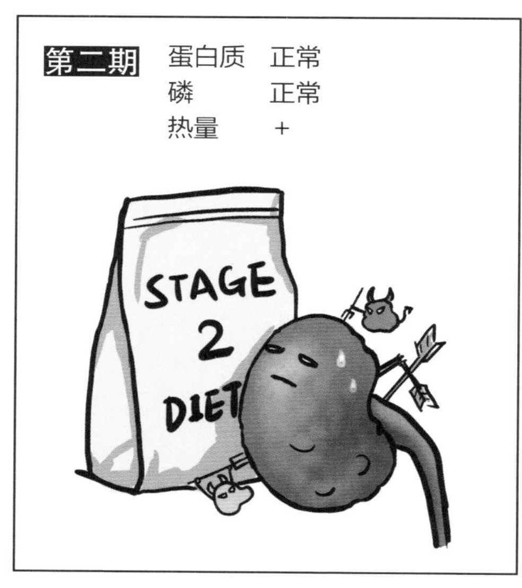

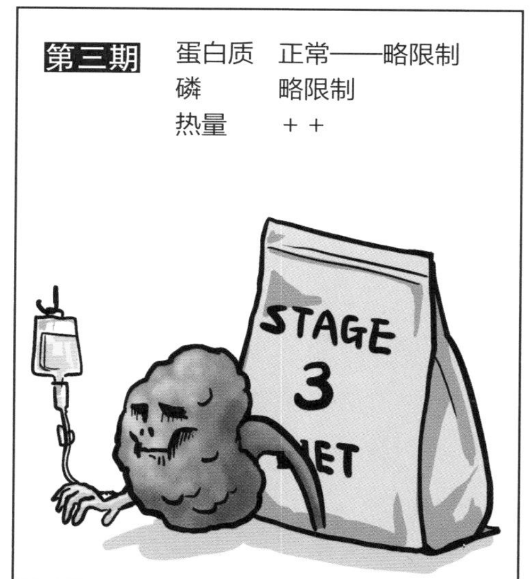

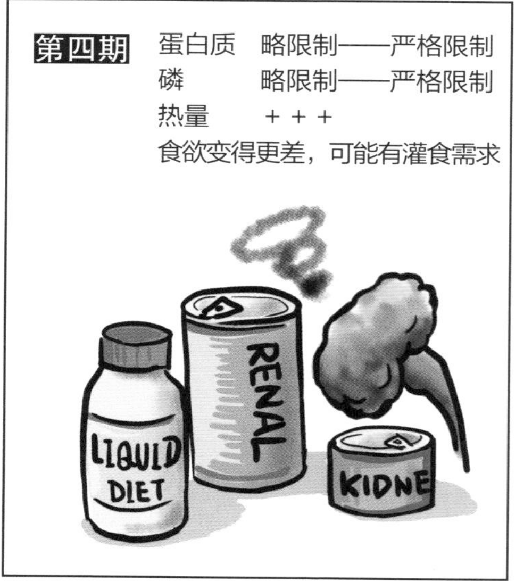

不同期别的慢性肾脏疾病适用的处方食品可能不同，在选择食物时请向你的兽医师确认清楚。

注：以上各期适合的营养调整仅为举例，实际运用以每只猫的个体情况与各家处方食品设计为准，并请让猫咪的主治兽医师判断。

低蛋白的肾脏处方食品除了蛋白质含量低，还添加了低磷及一些抗发炎剂或抗氧化剂，如来源于深海鱼类的 Omega 3 不饱和脂肪酸。低蛋白对于肾脏功能虽然没有帮助，但在猫慢性肾脏疾病进入第三期后逐渐呈现尿毒症状时，适当地限制蛋白质含量可以减少体内尿毒素的产生量。因为大部分的尿毒素来自蛋白质消化代谢之后的含氮废物，所以减少蛋白质的摄取，理论上就可以减少含氮废物的产生，也就可以减轻尿毒症状。

但身为肉食动物的猫又需要高含量的蛋白质才能维持身体的健康状况，所谓两害相权取其轻，给予的蛋白质不够时，猫咪就消耗体内的蛋白质，也一样会产生含氮废物，让猫咪更消瘦更不健康；但给予过高蛋白质含量的食物又会产生过多的含氮废物，导致尿毒症状的恶化，所以简单来说，低蛋白的肾脏处方食品主要是减轻尿毒症状，对于那些没有尿毒症状的第一期、第二期或第三期初期的猫而言，严格限制蛋白质含量的低蛋白肾脏处方食品是不需要的。

这里要提醒大家的是，肾脏处方食品并不是单一的一种，其实是一系列的产品，每种都含有不同百分比的蛋白质、磷及抗发炎剂或抗氧化剂，所以必须针对不同的慢性肾脏疾病分期、临床症状及血磷浓度来选择适当的肾脏处方食品。

Q11 什么牌子的饲料对猫咪肾脏最好？

只要是有品牌、商誉良好的就可以，外国的月亮也不一定比较圆，只要猫咪吃了不吐不拉，适应良好，都是好的选择。但站在增加猫咪饮水量的立场上，还是建议给予湿性食物，如罐头及妙鲜包，只是花费可能就会多些。

鲜食当然也是不错的选择，但需要采用营养均衡的食谱，而这方面的研究还不够多，而且也费时费工。

Q12 我的猫如果不吃肾脏处方食品怎么办?

原本饲料

肾脏处方食品

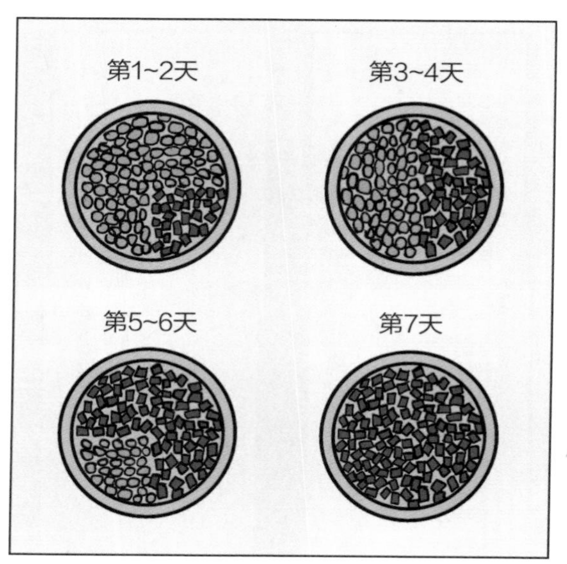

处方食品应该以七天或更久的时间慢慢转换，让猫咪适应。

如果你的猫已经必须给予肾脏处方食品了，应该慢慢地转换，以 1~2 周的时间来进行替换：第 1~2 天原本饲料占 3/4，肾脏处方食品占 1/4；第 3~4 天，原本饲料占 1/2，肾脏处方食品占 1/2；第 5~6 天原本饲料占 1/4，肾脏处方食品占 3/4；第 7 天全部都是肾脏处方食品，也可以以更缓慢的方式更换。

如果猫咪还是不肯吃肾脏处方食品，可咨询兽医师是否开具食欲促进剂（Mirtazapine）来配合食物的更换。如果猫咪仍不赏脸，可以再试试肾脏处方罐头或妙鲜包，并适当隔水加热来刺激食欲，必要时仍可配合食欲促进剂。如果猫咪还是抵死不从，只愿意吃以前的食物，记住！猫是铁，饭是钢，会吃才是王道，千万别把猫饿死！就让它继续吃以前的食物吧！然后试着另外给予肠道磷离子结合剂及来源于深海鱼的 Omega 3 不饱和脂肪酸等营养品进行辅助。

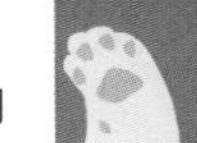

Q13 我家有很多猫，没办法隔开喂食，可以让大家都一起吃肾脏处方食品吗？

当然不行，前面已经讲过蛋白质含量对猫身体健康及免疫系统的重要性，千万不要一猫得病，众猫遭殃。有时未必完全无法隔开喂食，看你愿不愿意尝试改变而已。家是你的，猫是你的，时间是你的，好好努力吧。

大部分猫家长都习惯让猫吃包肥餐（全天候放任食），所以一遇到处方食品，就会一个头两个大，而且往往是病猫不肯吃处方食品，健康猫却抢着要吃新东西，因为东西永远是别人的好，人猫皆然。所以定时定量喂食及隔开喂食似乎就是仅剩的办法了。

另外，把病猫完全隔离生活虽然可让喂食问题变得简单，但也要考虑，这样的隔离对病猫而言是一种压力，而压力正是猫病的万恶之首，所以这样可能会让病猫更糟糕！

Q14 要如何早期发现猫慢性肾脏疾病？

首先，最重要的是仔细观察猫咪的饮水量、尿量及体重变化。如果水盆内的水持续性地减少得越来越多，或加水的频率增加，或持续性地看到猫咪饮水次数及时间增加，这些都可能代表猫咪饮水量的增加。

多喝水对猫咪是好事，但猫咪主动多喝水通常代表的就不是好事了，千万别天真地认为它开始懂得爱惜自己的肾脏，爱惜自己的身体。多喝水通常代表身体水分流失的增加，水分可以通过呕吐或下痢流失，但这些症状你应该都有办法发现而及早就医。如果是因为尿量的增加而导致水分流失，就必须担心慢性肾脏疾病、糖尿病、甲状腺功能亢进、肾上腺皮质部功能亢进的可能性。

而尿量的增加，往往就需要猫家长在清洁猫砂盆时多一点观察力，看看尿液凝结块是否比以前的更大且更多？猫砂的消耗量是否倍增？这些都是猫咪尿量增加的微小线索。说实在的，还真的是有些难度，但细心点观察总是没错的。

另外，可以购买精准的婴儿体重秤，每周测量体重 1~2 次，并做好记录，如果体重不正常地持续下降，大多代表猫咪身体已经有疾病的存在，应赶快到动物医院就诊检查。

猫咪应于 1 岁的时候进行第一次基本健康检查，检查项目包括全血计数、血液生化、尿液分析、腹部超声波扫描及全身 X 线摄影，这次的检查结果可以作为基础标准。例如肾脏的长度，往后几年测量肾脏长度时就可以与第一次的基础测量值比较，长度增加可能代表肾脏肿大或肥大；如果长度明显减少，可能就代表肾脏缩小或萎缩。另外，如果每年检查的肌酐数值呈现持续上升，也是肾脏功能持续流失的警告。

每一次基本检查后，医生会根据检查结果建议进一步的检验项目。例如，当 X 线片呈现猫咪的心脏较大时，兽医师可能就会建议进行 NTproBNP、心电图及心脏超声波扫描等检查。再例如，每年的肌酐数值都呈现持续上升且超过 1.6mg/dL 以上，或两边的肾脏呈现大小不一，或肾脏线变形、缩小、肿大，或尿比重值过低，又或者尿蛋白值过高时，兽医师可能就会建议进行 SDMA 及 UPC 检查。现在的 IDEXX SDMA 检验已被证实可以提早 4 年发现猫慢性肾脏疾病的存在，所以建议将 IDEXX SDMA 列入每年的常规健康检查中。

所以基础的健康检查只是抛砖引玉，并非一直就只有这些检验项目，而是根据这些基础检查的结果来判断需不需要进一步的特殊检查，这样除了可以早期发现猫慢性肾脏疾病及其他疾病，也可以免去不必要的检查，并且替你看紧荷包，免得大出血。

（本题可详见第 3 章。）

Q15 我不在乎花钱，不能一次到位进行所有检查吗?

当然可以，动物医院是服务业，绝对以客为尊，而且猫咪没有全民健康保险，所以做再多的检验也不会有浪费医疗资源的问题。

铺天盖地的检验的确能避免兽医师主观判断的漏失，所以也未尝不可。

Q16 麻醉洗牙有没有风险？会不会造成肾脏的损伤？

麻醉风险分级表　　　　资料来源：全民健康基金会

级别	病人状态	死亡率
1	正常，健康	手术前后死亡率为 0.06%~0.08%
2	有轻微的全身性疾病但无功能上的障碍	手术前后死亡率为 0.27%~0.4%
3	有中度至重度的全身性疾病且造成部分功能障碍	手术前后死亡率为 1.8%~4.3%
4	有重度全身性疾病，具有相当严重的功能障碍且时常危及生命	手术前后死亡率为 7.8%~23%
5	濒危状态，不管有无手术，预期会在 24 小时内死亡	手术前后死亡率为 9.4%~51%

说麻醉没有风险是骗人的，上面的表格是人类用以评估麻醉风险的分级表，第一级表示要进行麻醉的人是正常且健康的，但其手术前后死亡率还是有 0.06%~0.08%，意思就是，即使是正常且健康的人类，因麻醉死亡的风险还是有的。

一万个正常且健康的人进行麻醉还是有 6~8 个人死亡。万分之六？万分之八？那不是很低吗？再怎么倒霉也轮不到我吧？不怕一万，只怕万一，对你来说没有万分之六的死亡率，只有这次麻醉后你还会不会醒来的问题。你要是死了就是百分之百，活了就是百分之零，你不会死万分之六的！

所以对单一个体而言，麻醉会不会造成死亡只有百分百或零而已，而不是统计数值。这下你懂我的意思了吗？在一些猫的统计报告中，发现与健康猫麻醉和镇静相关的死亡率为 0.11%，病猫死亡率为 1.4%，意思是即使对一万只健康猫进行麻醉也有 11 只死亡，而对一万只病猫进行麻醉则有 140 只死亡。

听到这里，你大概已经吓坏了，会不会这辈子都不让你的猫咪麻醉洗牙了？但是万分之十一，确实是很低的风险，而且随着麻醉仪器、生理监视仪器及动物专用麻醉剂的长足进步，的确让这样的憾事又减少了许多。

麻醉过程中的低血压、低血容、低体温的确都可能造成肾脏功能的损伤，甚至引发急性肾衰竭，但这些都可以通过输液、保温、麻醉前检查、麻醉中监控及术后良好照护来避免。

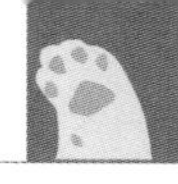

Q17 猫慢性肾脏疾病是否考虑采用透析治疗?

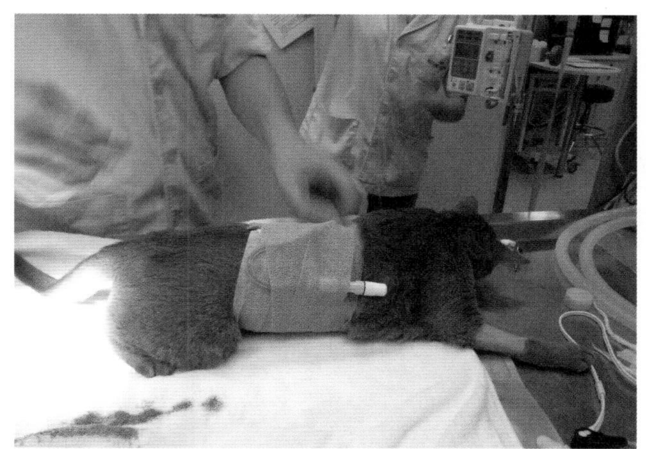

腹膜透析管与腹膜透析机器

目前在猫的透析治疗上，只有腹膜透析管能留置较长的时间（最长可达一年），而血液透析管则只能留置几周的时间。

像透析这样的肾功能取代疗法，较适用于急性肾脏损伤。不同于慢性肾脏疾病，急性肾脏损伤有机会痊愈。急性肾脏损伤大多因为急性肾小管坏死导致肾小管阻塞，引发寡尿或无尿性急性肾衰竭，肾脏需要时间修复才能让肾小管重新畅通。但在寡尿或无尿的状态下，猫咪会在 48~72 小时后因为急性尿毒死亡，此时的透析治疗就是暂时性地取代肾脏排泄尿毒素的功能，争取时间让肾小管修复。

所以透析在猫肾脏疾病治疗上属于短暂性的肾脏替代治疗，而非长期的治疗手段。还有一个因素是治疗费用比较昂贵：腹膜透析每日的治疗费约为 6000~9000 台币（约合人民币1402~2104元）。试想，你想让一只末期肾脏疾病的猫咪存活时间延长一个月，就算是每周进行一次腹膜透析，每个月也需要 4 万台币（约合人民币9352元），更何况有些猫咪需要每日、且无止境地进行透析治疗。

Q18 为什么不考虑肾脏移植?

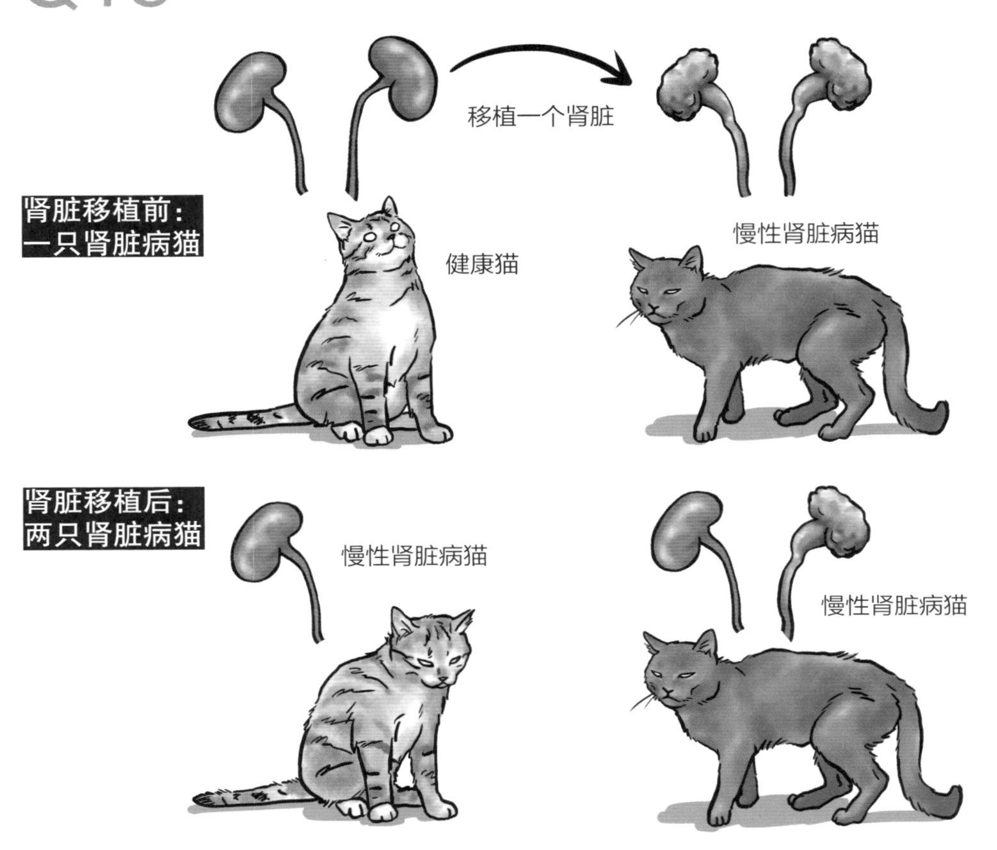

肾脏移植的重点是需要有一只猫捐赠一个肾脏，而慢性肾脏疾病的定义是肾脏功能流失超过 30%，且病程超过 3 个月以上，就算是一只肾脏功能 100% 的猫咪，捐了一个肾脏之后就只剩 50% 的肾功能了，那你不是又多制造出一只慢性肾脏疾病猫咪吗？

而且道德上你必须领养这只捐赠猫，所以你本来养了一只患有慢性肾脏疾病的猫咪，现在变成两只了。虽然可以延长你爱猫的寿命，但却残忍地缩短了另一只猫咪的寿命。当然费用也是另一层考虑，除了昂贵的肾脏移植手术，术后的抗排斥治疗及定期复诊追踪，都是一笔非常可观的费用。

Q19 慢性肾脏疾病检验报告的重点是什么？

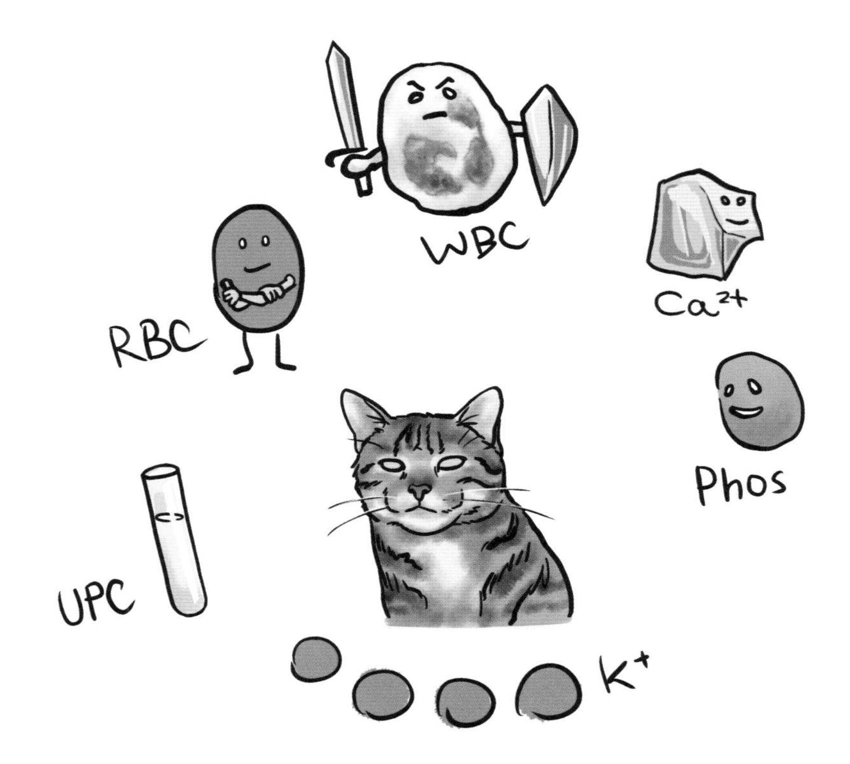

首先看全血计数，如果脱水改善之后的血细胞比容（PCV/HCT）低于20%，就必须开始施打红细胞生成素。

其次，如果白细胞及中性粒细胞呈现上升，则建议进行尿液分析、尿液细菌培养及抗生素敏感试验。

血液肌酐（Crea）浓度的持续上升（跟前面几次复诊的数值比较）代表着肾脏功能明显地持续流失，但如果是在一定范围内起伏的话，就表示肾脏功能的流失已经趋缓。

血中尿素氮（BUN）在肾脏功能判定上不是那么重要，但可以让你了解是否有肾前性氮质血症的病因合并存在，例如当 Crea 数值稳定，但 BUN 值却节节上升时，就必须评估脱水状态、贫血状态、心脏疾病、胃肠道出血、发烧或食物中蛋白质含量是否过高等问题。

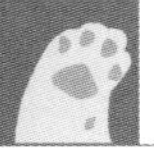

血钾，当血钾过低时，表示猫咪可能进食不足或患上了高醛固酮血症。但如果是呈现高血钾，则代表可能存在泌尿道阻塞性疾病、仪器错误或抗凝血剂选择错误（EDTA）。

血磷，血磷维持在 3.0~3.5 mg/dL 是最好的，能提升猫咪的生活质量及延长存活时间，所以当血磷还是持续过高时，就必须考虑慢性肾脏疾病的恶化与食物中的磷控制不良，应考虑给予低磷的肾脏处方食品或配合肠道磷离子结合剂，来协助让血磷降至理想范围。

UPC 就是检验尿液中蛋白质与肌酐的比值，数值若大于 0.4，代表显著蛋白尿，意思是有大量的蛋白质出现于尿液中，表示肾小球高血压、超级肾单位、全身性高血压或较罕见的肾小球体肾炎。此时必须进行血压测量来确认有无全身性高血压的存在。另外，显著蛋白尿也必须开始给予 ACE 抑制剂（血管紧张素转换酶抑制剂）或血管收素转化酶接受器阻断剂，来改善蛋白尿的严重程度，并定期复诊，监测改善状态。

（本题可详见第 4 章。）

Q20 慢性肾脏疾病已经确诊且精确分期后，还需要定期超声波扫描肾脏吗?

如果猫慢性肾脏疾病在确诊及分期时，都已经做过完整的肾脏超声波扫描检查，一旦猫咪已经处在稳定状态，的确没有必要过度频繁地做超声波扫描检查，除非在定期复诊时呈现高血钾、肾脏功能明显恶化、腹部疼痛或血尿，才需要再进行泌尿系统的超声波扫描。

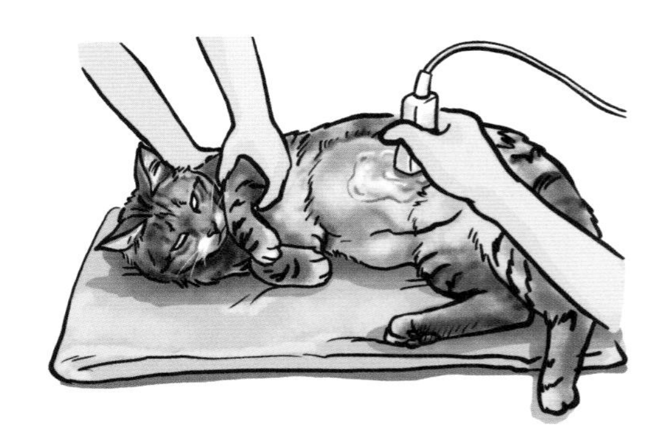

如果一切都稳定，建议每半年至一年做一次泌尿系统超声波扫描检查即可。

Q21 为什么健康检查需包含超声波扫描及 X 线摄影？

因为很多器官的血液生化检查都要严重到一定程度，才会呈现异常，而我们做健康检查的目的不就是要早期发现问题、防患于未然吗？肾脏指数中的血中肌酐浓度，要等到肾脏功能已经丧失 75% 以上时才会呈现异常，从预防医学的角度，这对于疾病的发现而言太慢了。

影像学检查的目的在于补充血液检查的不足，并且让我们真切地观察到器官的构造。例如，左侧肾脏长了一个直径为 1.5 厘米的球形肿瘤，而因为右肾的功能足够，所以在血液检查上并不会呈现异常，此时如果只进行血液检查，就不会发现这个肿瘤的存在。又例如多囊肾，很多多囊肾的猫咪并不会呈现血液中肌酐浓度的异常，要等到这些水囊极度增多增大而压迫肾脏实质时，才可能呈现异常，所以也必须进行影像学检查，才能早期发现多囊肾的存在。

肾脏的肿大、变形、水肾、肾脓肿、肾结石、肿瘤、团块等，这些异常都必须依赖超声波扫描来发现，所以影像学的检查是必须且必要的。X 线摄影检查可以用来评估肾脏的大小及变形与否，发现肾结石、输尿管结石、膀胱结石或尿道结石，也可以进行肾盂有机碘照影来确认输尿管阻塞的部位。

Q22 猫慢性肾脏疾病有必要进行肾脏活检采样的病理切片检查吗？

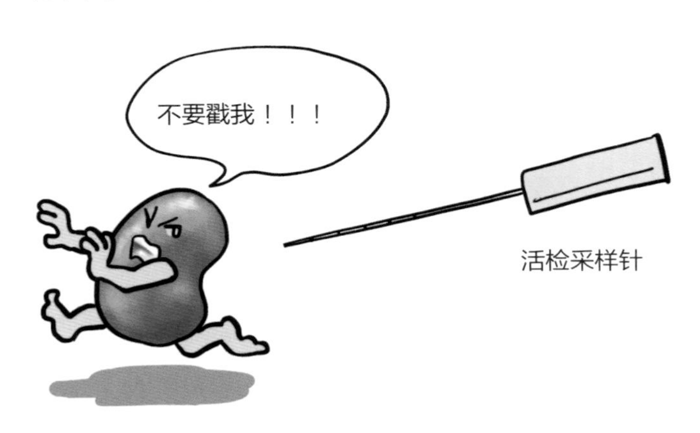

猫慢性肾脏疾病的病理学变化有七成是肾小管间质性肾炎，而且大部分猫慢性肾脏疾病诊断出来后是找不出确切病因的，所以病理切片检查似乎就不是那么重要了。

另外需要考虑的一点是，肾脏功能的原动力就是血液及血管。在活检采样的过程中，一定难免伤及血管而导致更多的肾脏功能单位流失。在以往的报告中，肾脏活检采样过程更是有高达三成的死亡率，这样的伤害性检查令人却步。

但如果在超声波扫描下肾脏呈现团块样的影样（表示可能为肿瘤、肉芽肿、血肿、脓肿……），那活检采样就是建议执行的项目了。

Q23 在家中如何收集猫咪的尿液?

在家中收集的尿液基本上只能进行基本的尿液分析及 UPC 检验，无法进行细菌培养。将需要收集尿液的猫咪隔离在一个房间内或一个笼子内，给一个清洗干净并且干燥的猫砂盆，铺上收集尿液专用的猫砂（例如 Kit4Cat，可以在动物医院或 Amazon 购买）。当猫尿接触这种猫砂时，会因为特殊的表面张力处理而呈水珠状浮在猫砂上，以附赠的干净乳头吸管小心地将尿液吸取，并放置于可密封的尿液收集瓶（罐）内。此时千万不要冷藏，请立即送交动物医院进行检验，样品越新鲜越好，最好不要超过两个小时。

Q24 如何采尿来进行尿液分析、UPC 及细菌培养?

常用采尿方式

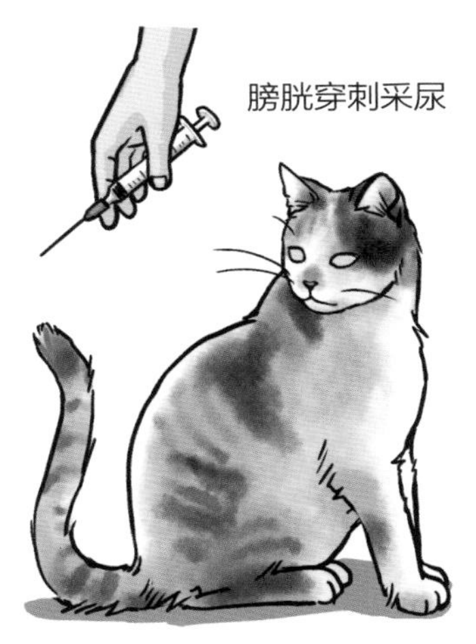

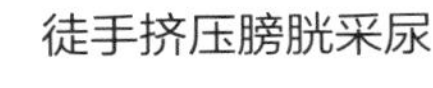

这应该由兽医师来决定，但我们在这里先介绍一下，让你能尽量配合兽医师的处理方式。

如果尿液主要是要进行基础的尿液分析及 UPC 检验，有些兽医师可能会以手来挤压膀胱让猫咪尿尿，并且事先准备好干净的容器来悬空接尿，但并不是每个兽医师都有如此高超的技术，不是所有猫咪都如此配合，也不是所有的膀胱内都有足够的尿，所以这样的采尿方式还真的是有点随缘的成分。

如果必须进行的尿液检查包括细菌培养，那膀胱穿刺抽取尿液可能就是最好的选择了。但首要条件还是膀胱内必须有足够的尿液才能进行。

进行膀胱穿刺采尿时，兽医师会先一只手通过腹部触诊来固定住膀胱，另一只手则持针筒直接穿刺腹腔而进入膀胱内抽取尿液，这样的采尿方式可以避免尿道及外部的污染，所以在细菌培养上更有意义，在 UPC 的检验上也更加准确。

不论是挤尿还是膀胱穿刺采尿，大多是不需要镇静或麻醉的，但如果猫咪极度不配合，适度的镇静可能就是必需的。

至于麻醉导尿，则不建议在门诊诊疗时采用，因为每次导尿都可能导致公猫尿道的损伤，而且还增加了麻醉的风险及更多的花费。

膀胱没有足够尿液时，建议先让猫咪住院，待尿液足够时再进行采集。

Q25 肾结石需要开刀取出吗？

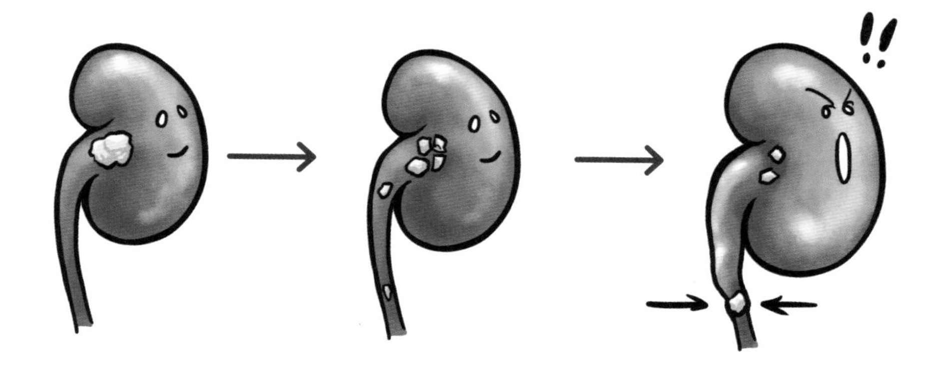

当发现肾结石时，必须担心的是如果结石掉入输尿管内可能导致阻塞而引发水肾，那这个肾脏就报废了。

但如果肾结石乖乖地存在肾脏中，其实影响并不大，除非肾结石又大又多而导致阻塞或机械性伤害，但这种情况非常罕见。

为什么不考虑开刀取出呢？因为肾结石如果不造成尿路阻塞，其实对肾脏功能的影响不大。有些人会问，为什么不跟人类一样进行体外震波碎石呢？在技术上的确可行，但震碎后的肾结石更容易进入输尿管而导致阻塞，而猫的输尿管非常细，连猫专用输尿管支架都非常难以放置。所以碎石或许简单，但要预防术后输尿管阻塞才是真正的头痛之处。

至于直接切开肾脏取结石，或内视镜微创取出结石，对于肾脏的血液循环都会造成一定伤害，都可能严重损伤肾功能，也会担心手术中对结石的操作会不会造成结石崩解而掉入输尿管造成阻塞。

所以，既然肾结石乖乖地没事，就不要去惹它，但肾结石猫如果出现腹痛、背痛、不明原因厌食或不喜跳动时，就需担心是否有肾结石掉入输尿管内造成阻塞而导致水肾，此时就必须立即进行人工输尿管绕道手术。

Q26 有单侧多囊肾时，可以将多囊肾切除吗？

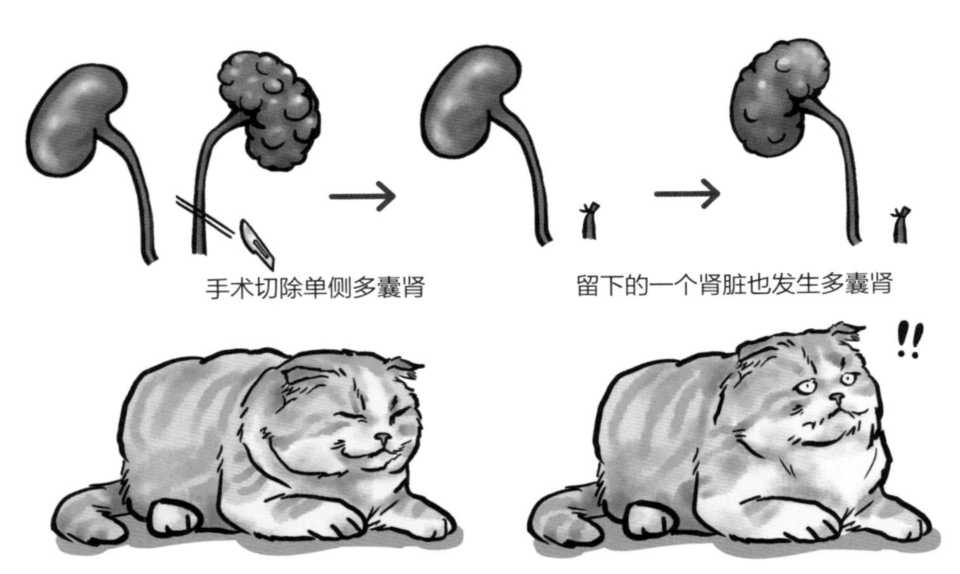

多囊肾几乎都是双侧的，因此若非必要，不建议急着切除病变的肾脏。

多囊肾被认为是一种遗传性疾病，易发于波斯猫及折耳猫，会导致肾脏实质组织内出现许多大小不一的水囊，而且这些水囊会随着时间流逝而持续增大，当水囊大到压迫肾脏实质组织时，就会导致肾脏组织缺血性坏死，从而造成猫慢性肾脏疾病。

多囊肾几乎都是双侧的，但两侧不一定同时发生，所以的确可能会有单侧多囊肾的情况。但通常认为另一个肾脏“不是不报，只是时机未到”，所以切除多囊肾是非常愚蠢的行为，因为只有两个可切，没事切它干吗？！

多囊肾即使因为许多肿大水囊而极度增大及变形，大多也仍具有功能，除非这些水囊已经大到会压迫到其他器官，如压迫胃而造成呕吐，或压迫肠道而造成肠阻塞。但即便如此，也可以通过超声波引导细针抽取来减压，或者利用酒精烧灼术来处理一些过大的水囊。

通过繁殖者的道德自律，多囊肾已经越来越少见了。有多囊肾的猫咪是不适合育种的，因为这是一种遗传性疾病，所以为避免这样的悲剧一再发生，就需要猫家长特别注意。

Q27 猫慢性肾脏疾病常并发胰腺炎吗？

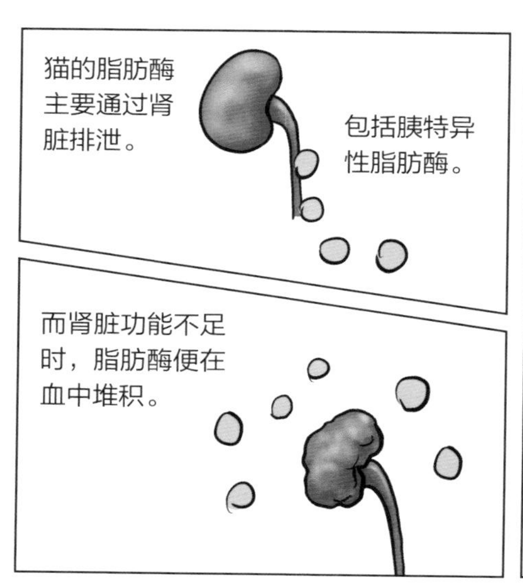

这是一个非常有趣的问题，因为猫的脂肪酶是通过肾脏进行排泄的，所以肾功能不足时，就会造成脂肪酶累积在血液循环中，当然这也包括猫胰脏特异性脂肪酶，这是一种常用来诊断胰腺炎的工具。

所以如果在猫慢性肾脏第三期末期至第四期时进行 fPL 检验（猫胰脏特性脂肪酶试剂盒检验），结果大多会呈现阳性。但这样的阳性不代表就是患有胰腺炎，因为 fPL 试剂盒的检验只能用来排除猫胰腺炎，而不能用来诊断胰腺炎。

那为什么很多兽医师都懂这个原理，却还是通过 fPL 来检验胰腺炎？这是因为很多猫家长对于慢性肾脏疾病治疗效果不满意而转院时，很多医院会检验 fPL 来说明猫是合并慢性肾脏疾病及胰腺炎。对于治疗控制效果不佳的病例而言，也是一种解套的说辞，但却害了先前的医院。猫家长可能会极力责备先前医院的误诊，而实情却未必是他们所想的那样。

所以如果你是兽医师，当面对猫慢性肾脏疾病时，要不要验 fPL 呢？就算这只猫真的是慢性肾脏疾病并发慢性胰腺炎，胰腺炎跟慢性肾脏疾病一样是没有特效药的，治疗的部分就是对症治疗及支持治疗而已。验与不验的意义，就留给大家思考吧。

Q28 网络上说，人类的 SDMA 研究并没有肾脏疾病的诊断价值，所以兽医的部分就更不用说了，是这样吗？

SDMA

在人：
检验上无特异性，
暂时无法用作肾脏病的诊断。

IDEXX SDMA

对猫：
有专一性的抗体，
可以用作早期肾脏病的判断。

首先，我不同意人医就一定比兽医先进；其次，人医的 SDMA 检验无法良好区别辨认 SDMA、ADMA、MMA，所以检验上有许多干扰及误判，因此在人医的研究上早就放弃了 SDMA 这个检验项目。

但爱德士公司（IDEXX）近几年致力于犬猫 SDMA 的研究，并且找到了 SDMA 专一性的抗体，所以在检验上可以排除 ADMA 及 MMA 的干扰。而且为了跟以往人医的 SDMA 检验有所区别，我们称之为 IDEXX SDMA，这是一项发明专利，目前有多家人医研究中心正在与 IDEXX 公司洽谈合作事宜，希望有一天也能提供作为人类早期发现慢性肾脏疾病的检验利器。

说到这里你应该明白 IDEXX SDMA 与 SDMA 的不同了吧，很多网络文章甚至攻击说支持 IDEXX SDMA 的相关研究都是 IDEXX 公司赞助支持的，所以基本上属于产业与学界商业利益结合下的一种不准确检验。关于这个，前面已经提及，IDEXX SDMA 是有专利的一项发明，所以当你要进行任何相关研究时，难道不需要 IDEXX 提供授权吗？难道不需要 IDEXX 支持吗？别把全世界都想成坏人，时间已经证明，IDEXX SDMA 可以作为早期诊断猫慢性肾脏疾病的检验项目。

Q29 猫慢性肾脏疾病应该何时施打红细胞生成素?

慢性肾脏疾病导致的贫血通常不会自己变好，红细胞生成素（EPO）势必要持续不断地给予。

建议使用比较不会产生抗体的长效型EPO，以避免身体产生抗体的严重后果。

既然猫慢性肾脏疾病是一种无法痊愈且一定会持续恶化的疾病，那么肾脏制造的红细胞生成素一旦开始生产不足，几乎就是一个持续的状态了。

所以当猫慢性肾脏疾病在改善脱水后测得的血细胞比容（PCV/HCT）低于 20% 时，就必须开始施打红细胞生成素，并且建议采用比较不会产生抗体的长效型红细胞生成素（NESP），每周皮下注射一次，直到红细胞容积（PCV/HCT）达到 30% 以上，之后则视状况每 2~4 周注射一次。

如果身体对注射的红细胞生成素产生抗体，会有什么影响？那就真的惨了，因为不只注射进身体的红细胞生成素被抗体中和而无效，连自身肾脏所制造的少许红细胞生成素也会被中和而失效，结果可能只有贫血至死了。

图书在版编目（CIP）数据

超强图解猫慢性肾脏疾病早期诊断与家庭护理 / 林政毅，兽医老韩著；兽医老韩绘. — 北京：电子工业出版社，2020.5

ISBN 978-7-121-38774-6

Ⅰ. ①超… Ⅱ. ①林… ②兽… Ⅲ. ①猫病—慢性病—肾疾病—诊断—图解②猫病—慢性病—肾疾病—护理—图解 Ⅳ. ①S858.293-64

中国版本图书馆CIP数据核字（2020）第044343号

责任编辑：周　林
印　　刷：中国电影出版社印刷厂
装　　订：中国电影出版社印刷厂
出版发行：电子工业出版社
北京市海淀区万寿路173信箱　　邮编：100036
开　　本：720×1000　1/16　　印张：10.25　　字数：180千字
版　　次：2020年5月第1版
印　　次：2025年4月第8次印刷
定　　价：68.00元

读者须知

本书提供了一些药物、药品及相关物质的相关信息。然而本书不能替代专业的医学建议，有关猫咪健康方面的具体问题建议咨询兽医师。决不能忽视专业兽医师的建议或因本书提供的相关信息而延迟寻求兽医师的建议。本书内涉及的任何药物、治疗方式或组织机构的名称并不表示作者、编辑或出版商对它们的支持，与此同时遗漏的任何名称也不代表反对这些名称。作者、编辑或出版商不为因采纳或误用本书相关信息和建议而导致的任何伤害或其他损伤承担法律责任。

凡所购买电子工业出版社图书有缺损问题，请向购买书店调换。若书店售缺，请与本社发行部联系，联系及邮购电话：（010）88254888，88258888。

质量投诉请发邮件至zlts@phei.com.cn，盗版侵权举报请发邮件至dbqq@phei.com.cn。

本书咨询联系方式：zhoulin@phei.com.cn，QQ 25305573。